彩 图

彩图 1　虫虫总动员活动

彩图 2　生态科普馆科普活动

彩图 3　仙草之旅

彩图 4　香囊制作

彩图 5　五色木筒饭制作

彩 图

彩图 6　寻觅百草

彩图 7　中医药之旅

彩图 8　小小制药师活动

彩图9 "五木"形态

彩图 10 "五木"之旅

彩图 11 寻找种子

彩图 12 采蘑菇的小姑娘

彩图 13　草木扎染

彩图 14　参观瓷之源古陶瓷艺术馆

彩图 15　姥山岛研学活动

彩图 16　金山鱼湾生态放流

彩图 17　小昆虫大世界活动

彩图 18　多彩菌菇活动

彩图 19　庭院小工匠活动

彩图 20　植物组织工厂活动

刘海英　林海萍　蒋仲龙 ◎主编

# 浙江省国有林场自然教育研究与实践

ZHEJIANGSHENG
GUOYOU LINCHANG
ZIRANJIAOYU
YANJIU YU SHIJIAN

中国林业出版社
China Forestry Publishing House

## 图书在版编目（CIP）数据

浙江省国有林场自然教育研究与实践 / 刘海英，林海萍，蒋仲龙主编 . —北京：中国林业出版社，2022.8
ISBN 978-7-5219-1831-1

Ⅰ.①浙…　Ⅱ.①刘…②林…③蒋…　Ⅲ.①国营林场-自然教育-研究-浙江　Ⅳ.①F326.275.5

中国版本图书馆 CIP 数据核字（2022）第 151822 号

**中国林业出版社·自然保护分社（国家公园分社）**

策划、责任编辑：许玮　　　　　电话：（010）83143576

| | |
|---|---|
| 出版发行 | 中国林业出版社（100009　北京市西城区德内大街刘海胡同 7 号） |
| | http://www.forestry.gov.cn/lycb.html |
| 印　刷 | 河北京平诚乾印刷有限公司 |
| 版　次 | 2022 年 8 月第 1 版 |
| 印　次 | 2022 年 8 月第 1 次印刷 |
| 开　本 | 710mm×1000mm　1/16 |
| 印　张 | 8.25　　　插　页　10 |
| 字　数 | 170 千字 |
| 定　价 | 45.00 元 |

未经许可，不得以任何方式复制或抄袭本书之部分或全部内容。
**版权所有　侵权必究**

# 本书编写人员名单

主　编：刘海英　林海萍　蒋仲龙

副主编：胡卫江　伊力塔　蒋科毅　苏　秀　叶喜阳

编　委(按姓氏拼音排序)：

毕雅莹　柴　芸　方　秀　方中平

高海力　胡卫江　蒋科毅　蒋仲龙

李嘉怡　李子睿　林海萍　刘海英

陆人方　陆尤尤　牛明月　秦　玫

裘黄丽　邵　磊　苏　秀　王　增

姚任图　叶喜阳　伊力塔　张　逸

张　勇　朱　炜　朱卓俊

# 前言
PREFACE

在信息技术飞速发展的当代，人们习惯于依赖多媒体平台间接认识自然，缺失了需要走进自然才能获取的亲身体验。由此，人们与自然的关系日渐疏远，甚至亲近热爱自然的天性也逐渐丧失。美国著名生态思想家托马斯·柏励指出："亲近和热爱自然是人的本性，因此21世纪最伟大的工作是重建人与自然的联系，重新获得生命的意义。"

当人们逐渐意识到与自然割裂所产生的严重后果后，期望通过自然教育等方式更加积极地接触自然、体验自然、追求自然并与之重塑良性关系。近些年，国家越来越重视自然教育发展，2014年起已连续举办六届全国自然教育论坛，2019年国家林业和草原局发布《关于充分发挥各类自然保护地社会功能大力开展自然教育工作的通知》。得益于国家相关政策的引导支持，国内自然教育行业呈现井喷式发展，各行各业都日益关注自然教育，在全国范围内成立了各类自然教育学校、自然教育中心、野营基地和森林体验中心等机构。2018年全国自然教育论坛调研数据显示，2012年以来我国自然教育机构数量呈现逐年显著上升趋势，2016年为286家，2017年则超过2000家。自然教育全职从业人员也迅速增长，具有20名以上全职人员的自然教育机构比例由2016年的3%上升至2018年的14%。

2019年11月，浙江省人民政府办公厅出台了《关于加快推进国有林场高质量发展的指导意见》，提出要以改善国有林场自然教育资源、保障自然教育基本功能为重点，加快自然教育设施转型升级，提升自然教育服务能力。浙江省有国有林场100个，经营总面积394万亩①，森林覆盖率92.6%。在国有林场基础上建有各类自然保护地117个，其中：国家公园1个，省级以上自然保护区9个，省级以上自然公园107个。建成国家3A级以上旅游景区36个，森林康养基地29处。国有林场已成为全省森林资源最丰富、森林景观最优美、生物多样性最富集、生态功能最完善的区域，能满足人们对自然生态、旅游观光、休闲游憩、森

---

① 1亩=1/15公顷，以下同。

林康养、山水摄影、自然探索等方面的需求，也有条件成为开展自然教育的独特场所。自然教育与国有林场高质量发展存在着相辅相成、相互促进的关系。一方面，自然教育的理论研究和实践是国有林场发挥生态、社会效益的重要途径之一。在国有林场开展自然教育，建设自然教育基地，充分利用其资源优势，向参与者展示国有林场生态魅力，发挥国有林场的社会效能。另一方面，在国有林场内开展自然教育有利于提升其知名度，也将赋予自然教育不一样的形式和内涵。参与者通过在国有林场参加不同形式的自然教育活动，将更加深入了解自然教育的内涵及意义，使自然教育被更多人所接受，吸引更多人参与到自然教育中去。

  为进一步提升国有林场自然教育功能，编者在分析国内外和浙江省自然教育发展情况的基础上，重点研究浙江省国有林场的自然教育发展模式与现状，旨在全面分析评估自然教育在国有林场实施的可行性，进而提出适合我省国有林场自然教育功能实现的合理化建议，提供自然教育发展借鉴模式，为建设现代国有林场提供更好的理论支撑，为国有林场的高质量发展注入创新活力，为政府科学决策提供参考。

编　者<br>
2022 年 5 月

# 目录 CONTENTS

前　言

## 上篇　国内外自然教育理论与实践

### 第一章　自然教育理论 ........................................... 2
第一节　自然教育概念、意义与价值 ........................................... 2
第二节　起源与发展 ........................................... 5
第三节　目标与原则 ........................................... 9
第四节　主要内容 ........................................... 11

### 第二章　自然教育实践 ........................................... 14
第一节　国外自然教育开展情况 ........................................... 14
第二节　国内自然教育开展情况 ........................................... 20
第三节　浙江省自然教育开展情况 ........................................... 27

## 中篇　浙江省国有林场自然教育

### 第三章　国有林场现状 ........................................... 36
第一节　浙江省国有林场概况 ........................................... 36
第二节　国有林场建设与发展情况 ........................................... 38
第三节　机遇与挑战 ........................................... 43
第四节　自然教育开展情况和优劣势分析 ........................................... 45

### 第四章　案例分析 ........................................... 53
第一节　研学类（杭州市余杭区长乐林场） ........................................... 53
第二节　感知类（湖州市林场——梁希国家森林公园） ........................................... 60

第三节　体验类(淳安县林业总场) ……………………………… 68
第四节　科普类(中国林科院亚林所庙山坞试验林场) …………… 74

## 下篇　浙江省国有林场自然教育发展策略与模式

# 第五章　发展策略 …………………………………………………… 82
### 第一节　目标与原则 ……………………………………………… 82
### 第二节　技术路线 ………………………………………………… 85
### 第三节　人才架构 ………………………………………………… 86
### 第四节　场所设施设计和课程研发 ……………………………… 91

# 第六章　适配模式 …………………………………………………… 113
### 第一节　自然学校+劳动体验 …………………………………… 113
### 第二节　自然世界+亲子活动 …………………………………… 114
### 第三节　教学基地+体验之旅 …………………………………… 116
### 第四节　科普场馆+学习感知 …………………………………… 117

# 参考文献 ……………………………………………………………… 120

# 上篇

## 国内外自然教育理论与实践

# 第一章　自然教育理论

## 第一节　自然教育概念、意义与价值

自然教育是指依托各类自然资源，综合公众特征，设定与自然联结的教育目标，通过提供设施和人员服务引导公众亲近自然、认知自然、保护自然的主题性教育过程。自然教育的意义主要体现在：它是重建人类与自然关系的媒介、实现儿童生命意义的教育形态、变革传统教学方式的载体。自然教育的主要价值有：在自然中开阔视野，培养复杂的系统思维方式；与自然建立情感连接，培养亲生命性的关爱之心；在自然中躬行践履，培养与万物共生的责任担当。

### 一、概念

自然教育又称"自然体验"（nature experience）、"自然鉴赏"（nature appreciation）或"自然学习"（nature learning），于20世纪七八十年代始于美国、欧洲，以美国自然教育家约瑟夫·康奈尔撰写的《与孩子共享自然》等为代表，20世纪末传入中国台湾、香港。自然教育最初以自然感知能力的培养为重点，随着全球环境污染事件频发，自然教育的内涵扩展为自然感知与环境教育两个方面。现今的自然教育以人的身心健康发展为目标，依托自然环境鼓励人与自然接触，从而加强两者的情感联结。

自然教育一词最早由18世纪法国启蒙运动思想家、教育家卢梭（Jean Jacques Rousseau）提出，其著作《爱弥儿》从自然神论的哲学观出发，提出自然教育主张，体现的是教育过程中人性化的本质特性。卢梭提出的自然教育，是指儿童应该从经验中得到学习，从自己的发展中得到学习，从自己参与的实际行动中去学习。但他并没有给出自然教育的明确定义，之后的裴斯泰洛齐、福禄培尔、杜威等众多教育学家在卢梭思想的基础上，进一步探究了自然教育的理论研究和实践探索，但也未曾真正给自然教育下定义。

在我国，主要从事新兴学科"大自然教育"理论与应用研究的北京北研大自然教育科技研究院，提出了"大自然教育"的定义：以自然环境为客体，以人类为主体，利用科学有效的方法手段，使儿童融入大自然，通过系统的手段，实现儿童对自然信息的有效采集、整理、编织，形成社会生活有效逻辑思维的教育过程。该定义从主体、客体、内容、手段以及期望达到的目的等方面,对"大自然教育"进行了诠释。

本书更倾向由国家林业和草原局发布的《自然教育导则》中的定义:自然教育(nature education)是指依托各类自然资源,综合公众特征,设定与自然联结的教育目标,通过提供设施和人员服务引导公众亲近自然、认知自然、保护自然的主题性教育过程。

该自然教育定义具有三大鲜明的特点:首先,自然教育重点关注情感的启迪和提升,从切身体验、内心感受出发,鼓励人们置身大自然,自主发现和获取自然知识。其次,自然教育鼓励人们参加户外活动,强调人与自然的直接体验。最后,自然教育关注三个关系的建立和融洽,即人与大自然的关系,人与他人的关系,以及人与自我的关系。

## 二、意义

### (一) 自然教育是重建人类与自然关系的媒介

城镇化进程、电子产品的普及等因素导致现代社会中人与自然的疏远已经有目共睹,甚至离自然环境最近的农村居民,也无法重返与大自然亲密接触的时代。人与自然重建联结迫在眉睫,因此,自然教育成为重建人与自然关系的重要媒介。但自然教育不能简单地理解为室外的教育和身体的锻炼,基于户外场所,还要在人类与自然之间建立起一种互动的、深入的关联,从身体上的感官接触到心灵和情感上的感悟与内化,使人们油然而生出一种与自然同在的认同,也获得对自然价值的道德认同和自然生命的敬畏。

### (二) 自然教育是变革传统教学方式的载体

自然教育在学校教育变革和教育方式转向的过程中具有至关重要的引领作用。工业社会下的学校教育对学生的考核方式更偏重于知识的累积,传统学校教育中更加注重知识传递的效率,造成了灌输式教育方式的普遍存在,极不利于儿童的身心发展。当前儿童普遍缺少生命活力的状况,与传统教育中对儿童身心的束缚具有不可分割的关联。缺少了自然的润泽和滋养,儿童就会渐渐失去对大自然的热爱和敬畏之情,也会远离生动活泼的本真状态,情感的空虚会让他们在多变的世界中迷失自我。自然教育最为重要的出发点就是帮助儿童实现生命自由和健康发展,与大自然的亲密接触能够让儿童充分释放天性,并在纷繁复杂的世界中保持纯洁而天真的心灵。

在学校教育中实施自然教育,能够在对学生进行生态理念引导,与自然亲密接触的过程中获得对自然的整体认知和情感的联结，形成一种儿童与自然和谐相处的教育方式，有助于儿童人格的完整性发展。在合适的场所、合适的年龄，用合适的方式让孩子参加自然教育，使保护自然、爱护环境真正成为全民族一种当然的、自觉的意识。

## 三、价值

自然教育的兴起和发展能够搭建起人类与自然的有效沟通桥梁，帮助人去思考人与自然、人与人、人与自我之间的关系，从而在自然中开阔视野，建立情感联结。自然教育的价值主要体现在能够培养复杂的系统思维方式、亲生命性的关爱之心以及与万物共生的责任担当。

### (一)在自然中开阔视野，培养复杂的系统思维方式

最丰富的学习环境就是自然，每一个自然空间都是一个完整的综合体，这为自然教育的开展提供了绝佳的场景和丰富的教育资源。

"人的心智形成，需要感官和知觉对世界的认知整合、判断与推理，如果没有对自然真实的认知，没有与自然的亲密接触，没有在自然中探索、体验的经历，人的感觉和知觉都将受到影响。"自然教育能够开阔视野，激发人的好奇心和求知欲，并培养人观察自然中万物的能力。复杂的、非结构化的自然教育，不仅有利于知识的建构，而且在接触更广泛的自然事物时，也可以培养复杂的系统性思维。

首先，自然教育能够激起人对自然的好奇心。自然教育提供了轻松自由的学习空间和氛围，使人卸下所有的紧张与不安，充分释放天性，探索自然的奥秘。其次，自然教育能培养人的自然感知力。发展心理学家加德纳在其多元智能理论中提出了"自然智力"的概念，认为辨识自然界事物差别的能力也是一种智能，即"博物学家智能"，这是培养人复杂系统思维的基础。在自然教育活动中，人需要全身心地投入其中，充分调动听觉、视觉、嗅觉等多种触觉认知，感受大自然。当人具备了强烈的好奇心和灵活的自然感知能力时，才能培养其复杂系统的生态思维，这也为生态文明建设人才的培养提供了良好的基础。

### (二)与自然建立情感连接，培养亲生命性的关爱之心

自然教育为人类生态价值观的形成提供了可行路径。自然教育帮助人们与自然建立情感连接，拥有关心自然、体贴他人和富于感受的丰富人性。关心是人类存在的基本需求，它不仅包括人与人、人与社会的关系，还包括人与自然的关系。由于人与自然的联系，才使人类获得了生存的自然根基并与自然的生命同呼

吸。美国国家教育学会前会长内尔·诺丁斯指出:"人类的繁衍生息离不开动植物,我们的生活质量取决于养育人类和其他生命的自然环境。教育应当教会人关心动植物,关心人类生活的自然环境。"

自然教育为人类进入自然世界打开了一扇大门,引导人们在体验自然的过程中意识到自然与人类是息息相关的,人类敬畏与感恩自然,关注所有生物的价值和利益,超越传统的人类中心论,站在自然与人类共同的立场思考问题,培养人对自然万物的关爱之心。

同时自然中的美妙景色能够让人发现美、感受美,对自然美的感受又能够激发人产生一股强烈的保护自然的力量。此外,动物之间的亲子感情、种群内的有序组织与合作精神以及群落间的互助共生关系都能够在潜移默化中影响人,启发人们形成自己的价值观,通过与自然建立情感连接,培养亲生命性的关爱之心。

(三)在自然中躬行践履,培养与万物共生的责任担当

权利与义务总是如影相随,人们在享受自然资源权利的同时,必须承担起相应的责任。在全球生态危机的背景下,自然教育应当培养人类为自然生态环境生生不息而承担应有的责任,并为之躬行践履。培养具备自然责任感和生态行为能力的人是自然教育的重要价值。

人类在接受自然教育的过程中,自主发现问题、解决问题,在这一过程中逐渐掌握与自然万物和谐共处的生存能力,树立可持续发展的生态理念,善待自然环境,维护地球生命的多样性。同时,自然教育还能帮助人们建立绿色健康的行为方式,在日常生活中节约资源、绿色消费、减少污染,承担起维护生态环境的责任。

# 第二节 起源与发展

"自然教育"这一名词最早由18世纪法国启蒙思想家和教育家卢梭提出,随着时代的发展,全世界日益注重环境保护和生态可持续发展,我国自然教育论坛的连续举办和自然教育学会的成立,表明自然教育越来越备受关注,通过自然教育让新一代公民走进自然变得越来越重要。

## 一、国外自然教育起源与发展

17世纪,捷克教育家夸美纽斯(J. A. Comenius)在其所著的《大教学论》中提出:"每所学校都应该有一个花园,孩子们可以经常在其中观赏花草树木,学会享受自然"。他所崇尚的"教育适应自然"的思想可以说是后来自然教育的雏形。

"自然教育"这一名词最早由18世纪法国启蒙思想家和教育家卢梭提出,其著作《爱弥儿》鼓励教师实施"自然中的教育",其中的"自然"指的是顺应儿童天性和成长规律的教育哲学,与现在所说的"自然教育"并不一致。

到了18世纪末19世纪初,受欧洲新教育思想的影响,很多教育家、学者都意识到了环境和教育的关系,主张在乡村修建新的学校,帮助学生认知自然、增长知识、拓宽视野。这种理念获得了广泛的支持和发展。

19世纪德国教育家福禄培尔(F. W. Frobel)延续了卢梭、裴斯泰洛奇等的思想,认为学生通过注重体验、享受乐趣,能够从更加深入和积极的体验学习中获得内心感悟和情感体验;同时受个人经历影响,他认为到户外环境中参加园艺活动有利于激发儿童的教育潜力。从那时起,人们对自然教育逐渐从理论探讨走向了具体摸索与实践。

20世纪初,以梭罗(H. D. Thoreau)为代表的自然文学作家相继发表与"自然教育"相关的著作,主张从直接经验中学习的体验活动在儿童教育中占有很重要的地位。1906年,英国作家拉特(L. R. Latter)在《儿童的学校园艺》中谈道,花园是儿童户外课堂的理想场所,因为花园整体规划清晰明了,方便实施一系列教学计划和学习活动,儿童在参加园艺活动时可以对植物分类、不同土壤、蔬菜花卉种类以及蚯蚓、蝴蝶等花园动物进行观察学习。有学者开始呼吁教师利用花园等户外自然环境来开展"体验式教学"活动,在花园中实施教学不仅能让教学内容和知识深入学生脑海,学生的学习动机和成就感更高,其他相关学科的成绩也能有所进步。在园艺活动中还有利于培养学生个性和团队精神。至此,自然教育的理论和实践都更加系统完善。

到了20世纪30年代,保护教育兴起,自然教育思想逐渐沉寂下来。米尔迈尼(Milmine)通过对美国500个自然中心的功能、意义进行详细研究,认为自然中心的目的,是为包括城市与未开发地区缓冲带的居民提供接近自然的场所,从而达到环境教育目的。20世纪末,随着世界城市化进程加速,自然疆域缩小以及新的娱乐方式盛行,人与自然的隔离日益明显,这一现象引起了很多学者的反思。福布斯(Forbes)认为每个社区都应该有一个自己的自然中心,就像社区学校一样。1991年威尔逊(T. Wilso)和马丁(J. Martin)提出了一个自然中心运作推动的七准则。

21世纪初,《林间最后的小孩》(The last child in the wood)的出版引起了很大的轰动。作者理查德·洛夫(Richard Lovelace)通过大量的调查、访问等研究手段深层次揭露了儿童和自然的关系,并试图修复儿童和自然的关系的断裂,认为这是诸多儿童心理疾病的主因,在这本书中"自然缺失症"被反复提到。他指出今天的儿童更加感兴趣的是所谓智能的东西,几乎没有对于自然的认知和体验。

作者通过引入大量学者研究成果证明了和自然接触对儿童的身心成长具有重要的意义。同时给出了很好的行动指南，从不同尺度的空间角度切入，讨论了为儿童提供一个自然认知场所的可能性。这本书比较完善地阐释了自然认知思想，肯定了自然认知对儿童的意义，指出了儿童同自然接触对于成长与身心健康的重要性。

《惊奇之心》作者卡森女士认为如果事实是种子，可以在日后产生知识和智能，那么情感和感受就是孕育种子的沃土，而童年时光是准备土壤的阶段。这本书阐明：孩子接触自然、认识自然、亲身体验自然对以后人生的发展具有重要意义。德国著名自然教育家吉塞拉·沃尔特提倡自然教学，让儿童在自然中游戏，自愿亲近自然，在探索自然的过程中激发好奇心，并促进感知能力的发展，培养自主学习、探究未知的能力。他还针对学龄前儿童特点，专门设计了互动游戏书《小小魔法师》系列，旨在帮助他们了解自然界最基本的元素。

2008年，世界自然保护联盟（IUCN）在巴塞罗那召开世界环保大会，会上提出要将重建人与自然的亲密关系作为所有工作的优先考虑因素，确保对子孙后代的生存环境负责。随着时代的发展，全世界日益注重环境保护和生态可持续发展，通过自然教育让新一代公民走进自然变得越来越重要。

## 二、国内自然教育起源与发展

国内对自然教育的研究起步较晚，发展较缓慢，文献资料相对较少，但近几年增长显著。在中国知网CNKI（China National Knowledge Infrastructure）以"自然教育"为关键词进行检索，截至2021年8月共查到中文学术期刊论文288篇。2005年之前，每年仅有4~5篇相关文献，随后呈逐年上升趋势，2018、2019、2020年分别达到27、42、51篇。但2018年之前的大部分论文主要集中在从教育学方面进行理论性描述，或者对国外的自然教育实践成果进行介绍，很少有针对我国实际情况、理论与实践相结合、具有中国特色的自然教育论文。

通过分析得知，国内自然教育方面的文献资料总体来说数量不多，主要依靠民间教育组织与非政府组织来促使其在我国发展。但近两年自然教育在我国的发展有了较大改观，特别是全国自然教育论坛的连续举办和自然教育学会的成立，无疑为我国自然教育的发展打了一剂强心针，表明随着社会的发展，自然教育方面的研究将会越来越备受关注。

深入分析288篇关于自然教育的中文学术期刊论文，结果发现，关于自然教育的研究大多是短篇观点性的陈述或情况的介绍，学术性的深入研究较少。早期以"自然教育"为主题的论文，主要结合卢梭的自然教育理论，从教育学和哲学的角度，对自然教育进行阐释，属于教育理论或教育管理类论文。如复旦大学的学者周萍在《卢梭自然教育理论探析》中指出，卢梭教育学理论著作《爱弥儿》开启了自然教育的新篇章、新历史，并从教法、原则、目标、内容等几方面阐述了卢梭自然教育的理念及其代表的教育思想。于清在其编著的《源于生活的自然教育》中谈道，当下我国社会普遍的超前教育、过度教育、中产阶级的焦虑、阶级固化等社会舆情是我们的家长在新时代新的社会条件下对子女教育走入误区的表现。孩童时期是我们一生发展的关键时期，若想在此阶段为未来的发展打下坚实的基础，必须要尊重天性和教育发展规律，因材施教、循序渐进、全面培养。同时书中以日本自然教育的启示为切入点，系统性地阐述了儿童早期自然教育的方法。南京师范大学的李亚娟在《教育探索》上发表的《关于卢梭与杜威的生活教育观——论儿童的生活与教育》中，主要对卢梭和杜威两名教育家的生活教育观进行全面阐述、说明与对比，以此总结了儿童教育的源泉是儿童生活的结论。袁去病在《把天赋还给孩子：自然教育辅导手记》一书中提出一种观点，即自然教育如何按照人类孩童时期的天性来培养儿童，如何激发儿童潜在能量，怎么在合适的年龄段培养儿童的自立、自强、自信、自理等综合素养，怎么培养儿童各方面均衡发展，培养惠及其整个人生的优质生存能力，培养其成为生活的强者。

  直到近5年才出现将自然教育、环境教育与森林公园、湿地公园等场地结合起来的讨论研究，探索自然教育理论在森林公园、湿地公园等场地中的实践与规划设计。如浙江农林大学钱佳怡的论文《自然教育在现代园林中的体现研究》，梳理了自然教育、环境教育及其相关的概念，归纳了自然教育在园林景观设计中的策略。西北农林科技大学龚文婷的论文《国家森林公园自然教育基地规划设计研究》，总结归纳了一套在森林公园中规划、设计、建设自然教育场所，开展自然教育活动的方法及其理论体系。广州大学林树君等发表的《广东鼎湖山自然教育径设计探讨》，从各个方面讨论了如何在风景区设计添加自然教育路径的问题。

  在我国台湾地区，生态教育专家徐仁修通过研究实践，完成了《大自然和我玩》系列丛书，提倡让孩童及早接触大自然、欣赏大自然，在趣味活动中体验大自然、认识生命，培养其专注力与观察能力。2013年台湾师范大学的周儒在其编著的《自然是最好的学校——台湾环境教育实践》中第一次系统而全面地阐述台湾环境教育的理论与实践经验，对我国大陆地区建设自然教育基地、自然教育中心具有重要的参考价值和实践意义。2014年我国台湾省教育行政部门发布了《台湾户外教育宣言》，指出户外教育泛指室外的学习，包括到校园自然绿色角落、小区社区、特色活动场馆、山地水系进行自然探索、社会观察等体验学习，通过观察、探索、实践、思考等过程，结合视觉、听觉、嗅觉、味觉、触觉五感体验的融合式全方位学习，让户外教育更贴近人们的日常生活。简而言之，就是让孩子们走出教室，重拾好奇心，学习自然。

## 第三节 目标与原则

自然教育目标是指在全面调查资源优势和公众需求的基础上,构建认知学习、能力提升、引导行为的三维目标体系。具体包括普及自然科学知识,培养自然保护意识,树立环境道德观等。自然教育的开展应遵循教育性、启发性、生态性、体验性、趣味性、经济性、差异性、科普性、安全性等原则。

### 一、目标

通过凝练特色目标、布局体验设施、培训解说人员、评估反馈效果的流程管理,弘扬人与自然和谐价值观,普及自然科学知识,帮助公众进一步了解自然,激发公众亲近自然的热情,并自觉形成尊重自然、顺应自然、保护自然的生态情怀。

(一) 普及自然科学知识

通过自然教育,普及科学知识,从而增强人们的环境意识。从国有林场角度出发开展自然教育实践,能很好地发挥国有林场自身优势,从自然教育场所的构建入手,设计出更适宜开展自然教育、传播环境知识的场所,或通过各类科普活动,传播自然科学知识,从而促进自然教育的发展。

(二) 培养自然保护意识

通过自然教育,让每个人都产生对自然的敬畏之心,敬畏自然才能尊重自然、保护自然。通过开展自然教育,让参与者主动参与到各类自然资源调查、动植物观察以及一系列自然教育活动中去,在认知自然与自身体验的基础上,通过知识教育内化为热爱自然、保护环境的意识,以自己的实际行动参与到保护自然环境的实践中。培养人们的自然保护意识是一个长期的过程,通过在国有林场、森林公园等场所参与自然教育实践活动,可以进一步提高人们的自然保护意识。

(三) 树立环境道德观

所谓环境道德,即人们对待环境时的态度和行为的规范准则。当前人类正在经受的环境危机,在一定程度上也反映了人类环境道德的缺失。道德意识会对人类的行为产生影响,进而改变人与自然的关系。帮助人们增强环境道德意识,是为了从本源上扭转人们对环境"只索取,不付出"的态度和行为。从长远来看,有助于改善环境质量、维护生态平衡,达到人与自然和谐可持续共存。另外,环境道德教育也是自然教育的核心价值,有助于从根本上解决环境生态危机,树立生态文明观念，共建美好家园，促进国家全面发展。

## 二、原则

(一) 教育性原则

与一般的户外活动以放松娱乐为主要目的不同，自然教育以教育为主要目的，普及自然科学知识，传播生态文明理念，满足公众对自然、资源、环境的求知欲和好奇心。

(二) 启发性原则

自然教育是启发公众对自然生态、历史文化产生兴趣，思考生态环境及生态关系，并引导人们由浅层次的观察、认识、欣赏和体验自然风光转化为内心深层次的感动，进而表现为保护自然环境的行为和态度。

(三) 生态性原则

在自然教育活动各环节中均要体现生态环保理念，就地取材，简单实用，与周围环境协调一致。自然教育活动应减少对自然的人为干扰，避免对自然造成破坏，保持自然的完整性和原始性。自然教育不仅是教育公众认识自然，还要教育公众形成珍惜自然与保护自然的生态化意识。

(四) 体验性原则

荀子曰："不闻不若闻之，闻知不若见之，闻之而不见，虽博必谬。"让公众调动五感(听、说、读、写、触)来领略大自然的神奇，全方位地接触自然和认识自然，感受自然环境的价值和意义，才能收到良好效果。

(五) 趣味性原则

开展自然教育，应该充满趣味性和创造性，通过寓教于乐的方式，帮助参与者获得轻松愉快的体验感，在玩中学、学中玩的过程中留下深刻印象，不知不觉提高自然意识和素养，达到"润物细无声"的效果。

(六) 经济性原则

自然教育要实现可持续发展，提升当地知名度并增加当地经济效益，但是要避免自然教育过度的现象，减少使用昂贵材料，以免带来不必要的成本负担和维护困难。

## (七) 差异性原则

国有林场开展自然教育应遵循差异性原则。这就要求自然教育基地在进行自然教育体系规划时，就要抓住基地的特点和优势，把其独特的资源作为自然教育素材。如对于浙江的国有林场来说，多类型森林景观和特色地域文化是其亮点。差异性原则还体现在受教育群体上，针对不同的教育对象，自然教育的侧重点、教育手段和方法都要有所不同，做到"因材施教"，从而确保自然教育的有效性。

## (八) 科普性原则

科普性指的是科学性与普及性，将科学知识、科学方法、科学思想和科学精神传播到社会，并被公众理解和接受。科普的内容要体现出大众化、亲民性的特点。因此，选择的自然教育内容和方法不能太学术化，需要通俗易懂，使参与者无需背景知识就可以理解。

## (九) 安全性原则

安全是自然教育顺利开展和可持续发展的前提，所以要求在开展自然教育之前，排查活动进行过程中可能存在的一切安全隐患，并做好应急处理预案，以确保参与者在活动中的安全。

# 第四节　主要内容

国家林业和草原局在《自然教育导则》中提出自然教育的主要内容可分为认知学习、能力提升和引导行为三个方面。认知学习是通过传播自然和文化资源知识，增加公众对生命空间、生存空间、生产空间、生活空间等方面的学习和了解；能力提升是通过引导公众参与多种形式的教育活动，使其掌握观察自然、体验自然、记录自然的方法和技能；引导行为是通过宣传绿色生活和绿色发展的具体做法，提升公众自觉参与生态保护的意愿，形成全社会共同参与可持续发展的良好风尚。

## 一、认知学习

### (一) 生命空间

生命空间的内容围绕植物、动物、生物多样性及生态系统展开。植物以物种鉴别、器官功能为主要内容；动物以分类特征、踪迹观、动物栖息地特征、繁殖生长习性、濒危性、进化史及在人类文明进程中扮演独特角色为主要内容；生物多样性以遗传、物种、生态系统多样性为主要内容，辅之以生物多样性面临的威胁、加强生物多样性保护的重要意义、保护措施、中国生物多样性热点地区等内容；生态系统以全球生态系统—区域生态系统、生态系统服务功能、生态系统结构、食物链、生态平衡、破坏因素为主要内容。

(二) 生存空间

生存空间包括地质、地貌、气象气候、水文等各类景观。地质景观以地层、地质构造、古生物化石、地壳演化为主要内容；地貌景观以高原、山地、平原、盆地、丘陵、地貌演化为主要内容；气象气候景观以冰雪、降雨、风、大气循环、气候演变为主要内容；水文景观以地表水、地下水、海洋、湖泊湿地、水循环为主要内容。

(三) 生产空间

生产空间主要包括生产方式、生产工具、经营技术、农牧文化、森林文化等。

(四) 生活空间

生活空间主要包括林场生活场景、社区发展等内容。比如柴火灶、大铁锅烧饭；社区经济、社区文化、风土人情；等等。

## 二、能力提升

(一) 自然观察

自然观察从植物观察、鸟类观察、昆虫观察、兽类观察、夜间观察及环境监测这六个方面展开。植物观察以整体及干、叶、果、根系等形态、色彩、季相、生长环境等为主要内容；鸟类观察以形态特征、繁殖特性、栖息地环境、生活习性(如迁移)等为主要内容；昆虫观察以趋性、食性、假死性、保护色和拟态、生命周期等为主要内容；兽类观察以踪迹、粪便、使用望远镜、全球定位系统(GPS)等为主要内容；夜间观察以可见物种、观察技巧、时间掌握等为主要内容；环境监测以环境质量监测(空气)、污染源监测(噪声等)、监测手段[物理手段、化学手段、生物手段(监测环境变化对生物及生物群落的影响)]等为主要内容。

(二) 自然体验

自然体验包括五感体验、生活体验、文化体验及户外体验四部分内容。五感体验以调动视、听、嗅、味、触体验等为主要内容；生活体验以林农、渔民生活体验等为主要内容；文化体验以诗歌、文字、书法、林区文化等为主要内容；户外体验以养生、健身、露营、拓展运动等为主要内容。

(三) 自然创作

自然创作主要包括生态搭建、艺术创作、戏剧创作、绿色餐食四方面内容。生态搭建以林间步道、砌石手作、自然建筑等为主要内容；艺术创作以森林手工、森林绘画、自然凋落物创作、废弃物创作等为主要内容；戏剧创作以角色扮演、场景剧目、生态游戏等为主要内容；绿色餐食以食材挑选、烘焙烹制、试吃品尝等为主要内容。

## 三、引导行为

(一) 绿色生活

绿色生活将从绿化生活、绿色消费、绿色出行、光盘行动、节约节能、垃圾分类、污水处理等方面展开。绿化生活以植树造林，加大管护力度，确保成活率和覆盖率，"谁植树、谁负责"责任到位、社区花园(铺路、草皮、种植等)为主要内容；绿色消费以绿色家电、绿色建材和新能源汽车，杜绝购买野生动物、使用野生动物制品等为主要内容；绿色出行以倡导共享经济、减少空座率、鼓励公共交通工具、环保驾车、文明驾车等为主要内容；光盘行动以倡导厉行节约，反对铺张浪费，带动大家珍惜粮食等为主要内容；节约节能以节水、节电、节气、雨水收集净化装置，实施居民用电、用水、用气阶梯价格等为主要内容；垃圾分类以垃圾减量与分类、再生资源回收利用、厨余垃圾制作酵素或堆肥等为主要内容；污水处理以生活污水处理、化工污水处理等为主要内容。

(二) 绿色发展

绿色发展从绿色产业、绿色生产、绿色传播三个方面展开。绿色产业以鼓励发展集旅游、康养、教育、文化、扶贫等于一体的综合服务业等为主要内容；绿色生产以鼓励低碳生产实现低能耗、低排放、低污染等为主要内容；绿色传播以鼓励构建多种渠道的绿色理念等为主要内容。

# 第二章 自然教育实践

## 第一节 国外自然教育开展情况

国外自然教育现阶段开展较为成熟的模式有日本的乡村研学、丹麦的森林幼儿园、韩国的森林体验、美国的"教学+自然学校+项目"等典型模式,对我国的启示主要有:加快我国自然教育立法进程;从家庭、学校、社会全方位宣传自然教育理念;自然教育的开展要多方合作,创建多元化的自然教育资源;加强我国国有林场自然教育功能。

### 一、国外自然教育开展现状

国外自然教育逐渐发展出了以自然中心(或称为自然教育中心、田野学习中心、自然学校、环境学习中心等)为载体的自然教育模式,不同国家名称不一,但实质功能基本类似,包括教育、研究、保护、文化、游憩等多方面的目标,足以提供给学校、社区居民等有意义及优质的自然教育。

1892年,现代生态规划设计的先驱盖迪斯(Patrick Geddes)在爱丁堡建立了野外观测中心——"观察塔楼",被人们誉为全球自然教育的最早尝试。德国教育家福禄培尔(F. Frobel)在其创办的幼儿园中设计了一系列与自然有关的教学活动与游乐设施,如引导儿童亲近自然,认识植物、鸟类、昆虫种类,观察季节气候等自然现象,促进儿童感知、记忆、独立思考等能力的多维发展。独具特色地开辟了园艺场地,提供给学生必要的园艺劳动设施,培养儿童具备实践、自立、合作与责任等优良品格。

20世纪初,教育家们创造性地将城市公园与自然环境教育融合,被誉为荷兰生态运动之父的泰瑟(Jacobus Pieter Thijsse)更是提出了"教育公园(Instructive Park)"这一思想。他认为公园是保护和展示乡土植物的最佳基地,教育公园是城市居民接触和亲近自然的重要窗口,是亲身体验式自然教育的最佳去处,在教育公园中引导人们关注周围带有地域特色的生态,体验充满生命力和真实可感的自然环境,激发人们对动植物观察的兴趣、对外界的敏感度、对家乡和地域的认同感,从而促进自然环境和地域景观保护。

日本是亚洲地区自然教育和环境教育发展相对较好的国家,几乎每个县、市都建有供人们获取自然知识的园地。设置于1948年的清里森林学校是日本较早的自然中心。随着经济的发展，日本在设置环境教育场所方面的投入越来越大，活动一般以寓教于乐的方式结合体验式教学展开，有效启迪人们的环境意识，使人们在轻松愉悦的状态下理解和接受环境知识，引导和促进人们与环境和谐共生。日本户外自然认知教育的场所发展很快，自然学校在日本有几十年的历程，截至2010年，日本至少已经有3700所自然学校。

世界上最早对自然教育进行立法的国家是美国，其在20世纪70年代就制定了《自然教育法》。一直以来，美国都十分重视推动与自然环境相关的自然教育发展，从培养目标、自然学校课程到自然教育专业人员的培训，都有较为完善的规划与标准，并努力达成政府、教育机构、民间团体、学校专家以及其他不同领域间的紧密合作。美国第一所真正意义上的森林幼儿园是由艾瑞·肯尼创立于2006年的雪松之歌自然学校（Cedar Song Nature School），位于美国华盛顿，该园的创建理念来自艾瑞·肯尼儿时的理想，即为少年儿童提供安全便捷科学地与大自然直接接触的场景，以增加人类在少年时代对大自然的认识和与大自然的关联，从而促使人类敬畏大自然，以及尊重地球上其他种类繁多的动植物体。同时，该自然学校还希望通过对自然科普知识和当地传统乡土文化历史的持续学习，加深少年儿童对自己生活的世界的了解，从心底里、意识上、行为中与大自然和周边世界建立广泛而深刻的联系。

澳大利亚人把尊重学习者的生命体验与乐趣作为前提，他们的自然教育实践模式为"全方位围绕式"，在家庭教育、学校教育、社会教育各个方面都呈现出尊重生命、自然生长的自然教育理念。

韩国的自然休养林、自然体验体系、自然教育设施，均注重在不破坏原生自然的原则下进行设计开发。同时，韩国很注重生态环境保护意识教育，从小学阶段便开始进行生态保护教育，侧重"森林体验式"自然教育模式，主要形式为依靠森林资源，通过设立公园、博物馆等，培养专业森林疗养师、林道体验师、自然解说员，全面、系统地开展自然教育活动。目前，韩国正在努力推动建立青少年森林教育相关法律法规，计划要求小学生每学期进行5~6次森林体验活动。

## 二、国外自然教育模式

（一）乡村研学——日本Green Wood自然体验中心

Green Wood自然体验中心（以下简称绿木）所在的日本长野县泰阜村，是一个只有1700人的面临人口过疏化问题的村庄。该村位于伊那山脉和天龙河之间的山区，耕地面积贫瘠，但仍以农业为主要产业。老龄化率高达37.9%，并且面临着大部分青壮年外出务工的现状，致使当地的居民协会和消防团人员短缺，地区组织很难维持。并且由于劳动力的流失，导致耕地撂荒的现象日益加剧。

1986年，当时任职长野县野外教育中心的梶女士（现为绿木会长）来到了泰阜村，开始独立举办自然体验活动，并在1个月的体验活动取得成功后，尝试开展1年时间的山村研学。然而，当时的日本正处于升学压力巨大、校园矛盾激化、青少年自杀等一系列社会教育问题频发的严峻阶段，在村民的眼里，接纳外来的城市孩子等同于引狼入室，因此很排斥外来者。在一片反对声中，梶女士和两名员工带着4名参与的孩子，艰难地举办了第一年的山村研学，逐渐改变了当地人的态度，并于1993年开始着手组织青少年野营。2001年，作为特定非营利法人的绿木自然体验教育中心正式成立。

绿木采取的是自然教育与农村生活有机结合模式，偏僻的小村落没有喧闹的噪声，没有科技带来的不安，可以让学生放下繁重的压力，全身心融入农村生活中，不仅带动了当地经济发展，也避免了乡村学校减小规模或废校的危机，并在一定程度上促进了当地闲置用房的再利用，提供了就业机会，让原本劳动力短缺、老龄化严重的小村庄焕发出新的生机。

绿木的经营项目按照面向人群可划分为：面向幼儿及其家庭的森林幼儿园；面向中小学生的"山贼"夏、冬令营和为期一年的山村研学项目——"生活的学校"；面向高中生及大学生的野营志愿者以及野营指导者养成计划；面向当地孩子的放学后托管及学习本土居民智慧的自然学校；面向社会人士及亲子的安全教育。

(二)森林幼儿园——丹麦的崇尚自然模式

1840年，福禄培尔在德国创办了一所幼儿教育机构，并将其命名为幼儿园，世界上的第一所幼儿园由此诞生。受其影响，丹麦的索伦·瑟伦森于1854年也开设了一所幼儿园，他将其称为"游戏和预备学校"。该学校以游戏与活动为教育的出发点，主张幼儿应该在自由的户外环境中进行游戏与活动，通过自我管理、亲身实践来实现身心健康成长，而不应被束缚在高墙林立、密不透风的建筑内。在这样的教育理念下，丹麦的户外游戏与自由活动由此拉开了序幕。

1943年，约翰·贝特尔森创办了一所名为"Emdrup Banke"的学校，这是丹麦的首个冒险乐园。在这里，幼儿被鼓励走出教室，进入森林中进行户外活动，或是徒步旅行，或是骑车游行。创办人约翰·贝特尔森秉承的理念是，户外环境中不可控因素居多，安全风险较大，因此在进行相关活动时，孩子们需要学会保护自己，需要适应各种各样的环境，在这个过程中，孩子们适应外界变化的反应能力以及对抗风险的应变能力会得到极大提高，这对于孩子们的成长具有极大的帮助。

鉴于户外冒险乐园的启发,埃拉·法拉陶(Ella Flatau)开始了将教室搬入森林的实践,在森林中开展教学活动,让幼儿贴近自然,在自然中体验探索的快乐,以便于更好地增强幼儿的身体素质,提高幼儿对环境的适应能力。世界上第一所森林幼儿园由此诞生。与传统的幼儿园相比,森林幼儿园拥有更加开放与自由的活动环境与活动模式,受到诸多人士的认可与追随。到1990年后,森林幼儿园开始在欧洲大陆盛行。

在丹麦,森林幼儿园没有固定的类型,名称也各种各样,除"森林幼儿园"外,还有"自然幼儿园""树林幼儿园""户外托儿所"等。受不同幼儿园的地理位置和教师、幼儿、家长教育需求差异的影响,每所森林幼儿园都独具特色。有些坐落在郊区,有些在城乡接合部,还有一些就在城市里。它们通常在森林里有一个永久性的或半永久性的活动场所。如果是在城市中离森林较远的森林幼儿园,通常会在离幼儿园比较近的地方租一块农田,以便让幼儿有一个良好的户外学习环境。

丹麦的森林幼儿园修建了专门的室内活动室,与传统幼儿园中的活动室相似,森林幼儿园中的活动室亦有区域划分。幼儿可以根据自己的兴趣与喜好来进行选择。大部分区域的材料都来源于大自然,因此即使在室内,幼儿依然与大自然进行着交流。

户外活动即在森林中进行,因此森林是森林幼儿园进行自然教育的主要场地。幼儿一年中80%的时间都是在户外的森林中度过的。但森林并不是唯一的户外场所,许多学校旁边的大型户外游乐区也为森林幼儿园的幼儿提供了重要的学习和游戏机会。

在户外,幼儿拥有充分的实践活动与大量的动手机会。大量关于大自然的讯息会以书或者图片的形式用于户外活动,同时教师也会为幼儿提供真实的工具,并教会幼儿如何使用这些工具,比如适合幼儿使用的独轮车、铁锹以及水桶等。整个过程均由幼儿独立完成,教师只在一旁观摩与引导,必要时提供些许帮助。教师坚信,幼儿可以独立完成任务,并且可以保护自己不受伤。

(三)森林体验——韩国自然教育模式

韩国的自然教育主要是基于森林体验的模式。韩国共建立了总面积为674300hm$^2$的20个国立公园以及13个森林博物馆。针对树木园进行科学的功能分区,设有森林浴场、学生教育区、盲人树木园、特别保护区、爱心林、游戏林等多个区域,并且利用"传统+科技"的方式向民众展示树木生命、用途,森林的历史和文化等。此外,韩国还发展了一批具有专业资质的森林从业人员以及森林疗养师、林道体验师,构建了一系列自然解说员资格评定与培训体系,保障了自然教育开展的人员基础。尤其是，韩国在自然教育活动设计方面很注重细节，在保护地内会针对不同群体对森林需求的差异而设计不同重点，例如，韩国森林解说项目的服务对象，有针对孕妇、幼儿、青少年、中老年甚至残障人士等各个群体的讲解项目，每个人都能享受森林的福利。针对不同的对象提供不同的项目或者服务，不仅提高了自然教育的效果，而且丰富了自然教育的内容，拓宽了发展方向。

(四)教学+自然学校+项目——美国自然教育实践课程

美国的自然教育实践模式主要是"教学+自然学校+项目"。美国学校内开展自然教育体验课，使学生通过各种贴近生活的实践活动(包括参观国家公园等保护地活动)，学习认识自然以及保护环境的相关知识。同时，美国也成立了自然学校，针对不同认知程度的孩子设计系统、体验式的课程，让孩子在大自然中通过观察、动手等一系列自主学习方式，感知自然的魅力和探索知识的乐趣。例如，美国很多农场是自然学校的教学场地，通过在农场亲自观察周围的自然环境，接触动植物以及思考与生活密切相关的问题等使孩子对生命、自然的理解更加深刻。除此之外，美国还有很多以探索自然为目的的教育课程项目组织，开展以自然为基础的项目，到森林、农场等户外开展远足、野营、生活实践等，使参与者发现自然之美。

### 三、国外自然教育对我国的启示

(一)加快我国自然教育立法进程

美国、日本、澳大利亚以及韩国的自然教育很大程度上要归功于政府立法占据主导地位，在一定程度上保障了公民的普及认知度以及对自然教育的重视。同时，有法可依的自然教育可以更加规范、更有保障地实施。

自然教育要求走到大自然中去主动感知、学习。但我国在自然教育方面至今还没有全国性法规出台，因此自然教育在实施过程中会因缺少法律法规的保障而遇到阻碍。首先由于教育主管部门实行责任追究制度，学校担心学生在野外的安全问题，往往选择划片进行、就近进行，甚至放弃外出，导致自然教育活动范围和形式大大受阻。放眼日本，学生若在户外教学或者自然体验教育中出现事故，学校不负责赔偿，由"自治体赔偿保险"按照规定进行处理。日本采取的"立法+保险"机制使得学生校外自然教育的安全问题有了保障。同时，自然教育立法的空白，不仅使自然教育发展不规范、不完善，还会影响与自然教育相关场所的建设，以及经济行业(旅游中的自然教育项目等)与公益组织的发展。

因此，为促进自然教育更规范、更全面、更系统、更快速地在中国发展，必须加快我国自然教育的立法进程，引起民众的高度重视，为自然教育的实施提供有力保障。

(二)从家庭、学校、社会全方位渲染自然教育理念

人的生命观和价值观在儿童时期尚未形成，周围的环境对孩子的性格、习惯、观念形成具有重要影响。长期以来，我国教育存在"重知识、轻实践"的现象，很多老师和家长将成绩作为衡量一个孩子是否优秀的标准，常常认为户外实践浪费学习时间而禁止参与，造成儿童与自然的隔离，慢慢对户外、自然失去兴趣，因此自然教育工作的开展非常困难。

国外自然教育给我们的启示有，孩子学习不仅仅是为了成绩，学习的过程也是对整个身心，包括精神与情感塑造的过程，社会、学校、家长都应该有一种正确的导向，注重孩子的全面发展，使孩子健康成长为接班人。要鼓励孩子多参加户外活动，接触自然，完善孩子对自然、万物应有的感知。孩子内心多植一点绿，祖国河山就会增添一片绿。

(三)自然教育的开展要多方合作，创建多元化的自然教育资源

美国、日本、澳大利亚、韩国在开展自然教育中，政府、非政府组织、社区、保护地甚至企业等多方共同参与、分工合作，同时还有大批志愿者团队加入自然教育的队伍中，使自然教育资源更加丰富，拥有更广阔的发展空间，实施过程更具开放性。

我国的自然教育目前主要是国有林场、自然保护区开展公益性活动；森林公园、旅游景点开展研学活动；教育培训机构开展拓训项目等。这些自然教育活动的服务对象主要是未成年人，而且不同单位各自为政，很少进行交流与合作。然而，我们倡导的自然教育是让所有民众都能参与进来，通过接触自然、了解自然，主动与自然产生联结，进而自觉保护自然、爱护环境。因此，需要不断推进自然教育立法进程，并在"政府主导，多方合作"的理念下，整合学校、社会、国有林场等多方力量联合开展自然教育。

(四)加强我国国有林场自然教育功能

我国拥有数量较多、类型多样、资源丰富的国有林场。国有林场的森林色彩丰富、生物多样、环境静谧，为自然教育提供了得天独厚的生态环境基础。在国有林场基础上建有国家森林公园、自然保护区和各类自然保护地，为开展自然教育提供了优质的建设基础。特别是，我国国有林场实施改革，其性质由生产经营

型调整为生态公益型，为国有林场开展自然教育提供了体制机制的保障基础。

在国有林场开展自然教育，首先要完善基础设施建设，规划建设针对性强的自然教育园区，突出教育、体验功能，例如，建立自然教育科普宣传栏，根据林场特色建立顺应自然理念的生态文化教育场所。其次要注重国有林场自然教育人才的引进、产品项目的开发，旨在丰富自然教育模式。例如，加强人工解说系统的建设，针对不同受众进行解说系统的设计。再次要注意与生态旅游产品相辅相成，在实现生态旅游可持续发展的情况下，充分发挥自然教育的功能。设计旅游产品时注重增加体验自然野趣的内容，将自然资源、特色自然教育项目亮点转化为热点，最终转化为卖点，打造与众不同的生态旅游产品，开发丰富的森林体验项目，增强森林旅游的吸引性和自然教育的趣味性。最后还要加大公众推广力度，利用国有林场的自然教育基地积极与学校、社会公益组织等合作，扩大国有林场自然教育的影响力，努力组建学生、社会公益组织人员为主的国有林场自然教育志愿者团队，协同国有林场开展自然教育工作，缓解国有林场专业人才短缺的问题。

## 第二节　国内自然教育开展情况

国内自然教育发展历史较短，近几年在国家与社会各界推动下发展迅速，产生了北京八达岭国家森林公园、甘肃省天水市秦州森林体验教育中心、广东海珠国家湿地公园自然学校等成功案例。对国有林场的启示主要有：加强基础设施建设，不断提升品牌效应；加强人才队伍建设，不断丰富体验课程；开展广泛合作，实现资源共享与共赢；推进融合发展，开发利用新媒体手段。

### 一、国内自然教育开展现状

我国自然教育还很年轻，大多自然教育机构成立于2011—2015年。自然教育集"教学+自然学校+自然体验"于一体，组织形式主要包括自然观察、户外体验、生态旅游、田园体验、冒险活动等。我国自然教育整体态势呈现发起民间化、循序渐进化、广布分散化、政策亲民化、实施本土化的特点。首先，多学科渗透，我国各地学校普遍采用多学科渗透的方式对学生进行自然教育，在课程中增加户外实践项目。其次，建立自然学校，在自然实践中学习动植物、环保、生态等自然知识，以及培养人与自然的联结情怀。

自然教育近几年发展迅速，逐渐进入公众视线，国家各职能部门陆续出台了各项政策，如2019年4月，国家林业和草原局印发了《关于充分发挥各类自然保护地社会功能大力开展自然教育工作的通知》，这是第一个国家政府机关部署全国自然教育的文件。中国野生动物保护协会每年都会在全国范围内举行"自然体验师""自然讲解员"等自然教育人才培训活动，中国林学会自然教育委员会（自然教育总校）的成立为自然教育行业健康有序发展提供了良好的沟通平台。

随着党和国家越来越注重生态环境、生态文明建设，我国近年来自然教育实践的推进力度越来越大。如在具有自然教育潜力的森林公园、湿地、植物园积极开展自然教育活动，命名了一批"自然学校"等。国家林业和草原局等政府部门先后出台了相关规划和规范。国有林场等一批公益性单位组织接待了大量儿童、青少年参与自然教育和自然体验活动。

全国自然教育网络以"持续促进自然教育行业的良性发展"为使命，在阿里巴巴基金会的支持下，自2014年起经常组织开展自然教育研讨会、自然教育活动等。2019年，全国自然教育网络得到中国林学会大力支持，在中国地质大学（武汉）成功举办首届自然教育大会、第六届自然教育论坛，实现了官方与民间有效合作，形成了自然教育发展的新模式。除此以外，一些民营的社会团体和民间组织也开始积极策划和参与自然学校、自然夏令营、自然课堂等一系列自然教育活动，在民间形成自主推动自然教育事业发展的强有力社会力量。

国内的一些科研机构也利用自身优势积极开展自然教育活动，例如，湖南省森林植物园是集森林旅游、植物园功能和科研为一体的综合性植物园，植物资源丰富，森林覆盖率高，空气中负氧离子含量高，专类园区养护精心，同时园内还设有野生动物保护救护中心，能进行野生动物科普教育。优质的硬件条件支撑自然教育活动的开展，近年来通过开展蝴蝶节、生物多样性日、爱鸟周、观花、环保组织"绿色联盟"等活动，进行森林知识和环境知识的宣传普及，深受喜爱，受教者人数众多。

据《2018中国自然教育行业调研报告》显示，人才不足是我国自然教育机构发展的最大瓶颈，其次是经费和市场。未来1~3年，课程开发和建立课程体系是机构发展工作的重中之重。关于自然教育的理论与模式研究尚不多见，具有典型性和代表性的自然教育基地也比较缺乏，急需加强相关理论研究与实践探索，以进一步促进自然教育事业的发展。

国内学者针对自然教育开展了相关研究，总结了西方自然主义教育思想和国内外生态旅游环境教育开展情况，介绍了国家森林教育的历程和启示，并在生态教育对游憩的影响、生态旅游环境教育效果评价、环境教育体系规划设计、自然教育基地规划和实践分析等方面开展了研究。

我国台湾省专门设立了开展森林资源保育与森林自然教育的单位，有国家公园、林务局、农委会特生中心、林业试验所、台大实验林场等。这些机构进行自然教育、森林教育建设时遵循了尊重自然、合理布局、合理规划设计原则，整个区域将调节身心、学习自然知识和陶冶情操有机结合，区域内功能明确、设施齐备，很好地满足了受教者寓教于乐的需求。我国台湾省将自然教育全面渗透进森林公园规划设计、建设、管理、运营的方方面面，实施方法多样、内涵丰富、机制健全，发挥自然教育在森林旅游中的独特作用已成为森林公园的主要发展方向。

## 二、国内自然教育典型案例

（一）北京八达岭国家森林公园

北京八达岭国家森林公园（以下简称森林公园）位于北京市延庆区境内，总面积2940公顷，2005年由原国家林业局批准成立，2006年正式对外开放。近年来，森林公园以中小学生和学龄前儿童为主要体验者，通过开展多形式、多层次、多角度的森林体验、自然教育活动，在森林中以趣味自然游戏、森林手工制作、森林知识探秘、环保科普讲座等方式，吸引孩子们走进森林、了解森林、感恩森林，培养体验者尊重自然、热爱自然、保护自然的生态文明意识。

森林公园以北京首家中韩合作森林体验中心建设为契机，学习引进先进的自然教育理念——重视教育效果而非展品设备，强调深度参与体验，融展示、教育、娱乐于一体，突出地方性、趣味性与系统性，强调体验式教育及创新动手能力的培养，为全国森林公园互动体验展示第一家。

八达岭森林体验中心新颖别致，建筑与自然融为一体，展示和体验设计充分挖掘了森林的文化价值，对于引领全国开展森林体验具有重要的意义。森林体验馆主要聚焦八达岭森林历史变迁、森林大家族、森林产物和森林与艺术，建有读书区和手工区。共设计了八达岭森林的过去现在和未来、植物的四季、森林与音乐、森林与绘画等13个展区，以及沟谷纵横的八达岭是怎样形成的、"长"在森林里的长城、树木年轮多奇妙、八达岭动物的语言、八达岭森林小乐器等42个展项。户外体验路线设有森林教室、观景台、EM实验室、露营地、动物教育、森林五感体验径等。

八达岭森林公园承担着森林体验、自然教育、森林文化教育、生态道德教育、生态文明宣教等示范作用，通过在森林中开展自然体验教育活动，以提高人们特别是中小学生的环境意识和有效参与能力，普及环境保护知识与技能，培养环境保护人才。

（二）甘肃省天水市秦州森林体验教育中心

甘肃省天水市秦州森林体验教育中心（以下简称中心）为中德合作的第一家

森林体验教育中心，具有展厅展示、户外森林体验、教育培训、森林体验实践活动等多项功能，不仅是森林体验教育工作者的培训基地、社会人群旅游观光的场所、青少年课外实践的活动中心，而且是传播森林体验教育理念、拓展森林体验教育领域的平台。中心自2013年5月开馆运行以来，倡导可持续发展理念，以自然为"课堂"，以森林资源为"教材"，针对不同的公众群体，策划实施不同层面的森林体验教育活动，传播各类生态、环保、森林、人文、教育等科普知识，取得了较好的社会效益。2012年被联合国教科文组织授予"可持续发展教育"奖。

中心位于天水市秦州区城南豹子沟，距市中心2km，交通便利、景色优美。由森林体验信息中心展厅、户外森林体验探险通道两部分组成。

森林体验信息中心展厅依山而建，主体建筑的造型为外方内圆，体现了"天圆地方"的理念，契合"天时地利人和"的思想，中庭是一棵树，体现的是森林的特征，与展厅各展项相互印证。展厅建筑面积为1185m²，主体分地上二层及地下一层，一层以"认知森林"为主要内容，集知识性、趣味性、互动性于一体，应用现代科技实现互动体验，巧妙配合声、光、电等元素，实现了艺术与内容的完美融合，将森林艺术贯穿到森林的历史演变中，普及森林知识、探寻森林奥秘。二层以"森林功能"为主要内容，全面展示全球森林文化，激发人们关爱森林、关爱生命和感情。地下一层以"人林和谐"为主要内容，为来访者提供一个森林产品手工制作场所。展厅共有地区景观的形成历史、丛林探秘、森林效益、气候变化、全球森林和人林和谐6个主题29个展项。

户外森林体验探险通道为闭合式环形通道，全长2.5km，依据现有森林和自然地势而建，依次设置了入口、平衡木、木质游乐场、探险区、野餐区、不同年龄树木展示区、休闲区、鸟巢、诗歌与艺术区、观景台、林产品展示区、土壤互动解说区12个形式和内容各不相同的站点。人们可以根据自己的选择获得不同方式的体验：闭上眼睛，躺在树林里的青草地上倾听，感受自然界的每一种声音；用布蒙上眼睛，触摸树木和树林里的各种植物；扮演树木的各个部分，体验植物如何从土壤里汲取养分，如何抵抗病虫的入侵；等等。

(三) 广东海珠国家湿地公园自然学校

广东海珠国家湿地公园凭借便捷的交通和丰富的资源，通过成立自然学校、整合社会各方面资源，开展形式多样的自然教育活动，让公众从认识自然、了解自然慢慢加入热爱自然和保护自然的行列。

海珠湿地依托独特的三角洲潮汐系统、丰富的生物多样性、厚重的岭南民俗文化等自然教育资源，以海珠湿地自然学校为平台，以政府部门、高等院校和社会团体为支持机构，引入众多自然教育机构作为课程执行的主要力量，聘请核心人员负责课程开发、机构管理和课程宣传推广工作，最后根据服务对象的不同，分别向学校、企业和社区输送富有针对性的自然教育课程，形成独特的自然教育模式即"海珠模式"。

海珠湿地自然学校是由政府主导、社会各界参与的开放式自然教育平台。自2015年2月2日成立以来，秉承建立人与自然沟通的桥梁，同声传译自然智慧，让孩子在自然中回归、探索、发现、成长，让湿地成为保护之地、教育之所、陶冶之园的建校宗旨，自然学校不断吸引自然教育机构和企业参与，成为链接自然教育产业各方的开放式平台，推动自然教育走进千家万户，实现产业化。目前已走进广州70多所中小学校，联合10多家机构、50余家企业开设自然课程、研学旅行、夏令营、春秋游活动800多场，影响、熏陶受众100万人次以上，成为全国中小学生环境教育实践基地、全国林业科普基地和全国自然学校试点单位。

（四）昆明在地自然体验中心

昆明在地自然体验中心成立于2012年，是国内较早开展自然教育实践相关课程与活动的民间机构。目前已形成较为完善的自然教育体系与丰富的实践经验。让体验者快乐地"研"、自发地"学"，理论学习与亲身实践相结合，提升科普教育的趣味性，有效帮助体验者树立良好的科学观，培养生态素养，产生1+1>2的学习效果。

中心将自然教育课程化、系统化，推出"身入自然——以植物为师"系列自然教育课程，带领孩子们体验昆明植物园的四季轮回。采用"流水学习法"（Flow Learning）设计原理，将课程分为热情激发、集中注意力、直接体验、分享启示四个阶段，在教学活动中融合了自然观察、自然记录、自然创作的内容。自然观察引导孩子们发现植物的形态与颜色之美，探索植物如何传播种子、如何适应环境、与其他生物的相互关系，并且根据节气以及季节的变化设置了不同观察主题活动。自然记录引导孩子们记录自己感知到的自然，通过记录促使孩子们关注细节之美。在记录自然的过程中，关注物候的变化，帮助孩子们认识自然规律、季节变换，并从自然变化、植物生长中获得生命的力量。自然创作则是引导孩子们利用自然材料进行手工制作。在孩子们拥有太多物质，动手能力却不强的当代社会，让他们用手来与自然亲近，制作出有实用功能的物品，以提高孩子们的意志力和创造力。

该机构开办的特色课程《城市野趣——自然笔记课》在年轻父母中受到追捧。"自然笔记"具体形式是用艺术与手工制作等方式来帮助孩子们认识、体验、记录大自然中的事物，包括植物写生等。孩子们在工作人员的引导下，根据公园内的植物分布，绘制这一场地的植物地图，在林地中观察自然界的昆虫小动物等，或是来到杜鹃园观察不同品种杜鹃的形态特征。通过这种形式的课程，引导孩子们了解自然，激发对自然的兴趣，同时培养观察与动手能力。

（五）四川省北川自然学堂

四川省北川自然学堂（以下简称学堂），是由四川小寨子沟国家级自然保护区管理处的一名工程师张涛发起，于2015年3月7日正式成立。如今，学堂既是小寨子沟保护区宣传自然保护知识、弘扬生态文化的平台，也是四川省首家由公立保护地管理机构持续举办的公益、免费、本土化的自然兴趣班，还是四川省首批青少年森林自然教育实践示范基地。

学堂的教学理念是"观察"和"包容"，即观察分析自然界中的各种事物，学习大自然"海纳百川"的胸怀。系列课程分为博物学自然讲解、自然游戏、自然手工、自然音乐课等。学堂的教学方法是"博物法""中西结合法"等。一是用西方现代自然科学分类方法对自然事物寻找异同、分类观察，培养观察能力和实践能力；二是运用文字、诗歌、音乐等中国传统文化对自然事物进行趣味讲解和联想发散思考；三是通过多种有趣的自然游戏、手工制作、自然武术、登山露营等活动锻炼参与者的身体素质、动手能力、团队协作等其他综合能力。

北川自然学堂成立至今，建立了纯野外自然教育基地15处，室内基地两处（包括管理处宣教室和大火地保护站）。已开展186期活动，涉及主题20多个，活动地点30余处，受自然环境教育4682人次。

近年来，为推广北川自然学堂经验，张涛与团队成员还积极开展对外交流和培训活动。累计为国家林草局国家级森林公园培训班（湖南长沙）、四川大学博物馆讲解队、绵阳师范学院、乐山师范学院、阿坝州小金林业局等单位培训15次，受益700人。与商业机构合作开展冬夏令营会和讲座活动，与绵阳师范学院、四川红叶节组委会、成都青羊区教科院智慧营等单位合作，累计开展夏令营、假日营及示范活动15次，受教育511人次。

（六）中国台湾森林游乐区

广阔的森林、丰富的动植物、特殊的地形地貌，为我国台湾省发展以森林游乐区为主的森林旅游业提供了有利的条件，台湾省林务局从20世纪60年代中期开始森林游乐区的规划建设。遍布全岛的20多处高级森林游乐区，过去是都市人闲暇时放松身心的好去处，现在已提升为"自然教育中心"。

自然教育已经成为森林游乐区常规化的一项工作，游乐区管理处一般都会下设解说教育科，各森林游乐区的环境解说系统非常完善，利用活泼有趣的解说方式，对人们进行寓教于乐的生态教育，使人们领悟到大自然的力量，修正生态伦理,激发保护自然的意识。此外,森林游乐区非常注重下一代教育,许多森林游乐区都有针对中小学生的科普宣传资料,有些森林游乐区还有专业技术人员担任义务讲解员,为中小学生讲解植物、树种等科学知识。

森林游乐区是非商业化的游乐场所,人工种植的花草及人为设施较少,其发展理念是以体验自然野趣为特色。因此,在森林游乐区内,主要以发展登山健行、森林浴、自然疗养、赏景、观赏野生动物、观赏植物、观星、自然解说及户外教室等无碍生态的活动为主。即使是建设必要的住宿、餐饮、卫生、服务等一些必要的设施,也十分重视保护环境,以尽量不破坏自然环境、与自然保持协调为原则。例如游道、亭子、桌椅、科普服务中心等设施的材料主要以当地原木为主,外观原始、自然、古朴,与周围自然环境相互融合、和谐统一。很多地方为了不破坏生物的生存环境,或是给动物留通道,而采取高架的形式。

从自然教育形式与内容来看,森林游乐区前期多偏重于森林中动植物物种形态特征、生理特性的解说。近年来则开始重视关于森林生态系统与全球环境变迁的关系,生态系统中各物种间相互作用的关系,酸雨以及其他污染对森林的威胁,保护生物多样性对我们人类的价值,以及我们人类与森林生态系统的关系、可持续发展的绿色经济观等。

台湾森林游乐区的门票价格普遍较低,多数大约仅相当于10元人民币左右,森林游乐区的收入主要来自非门票收入,如住宿、餐饮、土特产销售、各种游戏活动收入等,这些收入往往是门票收入的几倍甚至十几倍。较低的门槛及较高的经济效益使台湾森林游乐区步入良性循环。

台湾省林务局从2000年开始,主要按照《奖励民间参与交通建设条例》《台湾省森林游乐区提供民营作业要点》《台湾省森林游乐区设施提供民间合作经营要点》3个文件,在一些有条件的森林游乐区实施旅游项目经营的民营化,取得了较好的效果。民营化的方式主要有:委托民间经营、租赁、资产出售、合并、收买、股票出售、增资、经营权转让等。

## 三、国内自然教育对国有林场的启示

### (一)加强基础设施建设,不断提升品牌效应

国有林场通过开展自然体验活动,激发体验者的好奇心,使来自全国各地的青少年在森林中获得美好的体验,让他们在体验中充分理解当地的历史文化,认识到森林在地球上的重要性,引导他们自觉地爱护自然,保护环境。结合深化国有林场改革,逐步将国有林场打造成为最具特色、最环保、最完善、最吸引人的自然体验教育基地,为全国的来访者提供最优质的森林体验感受,并引进营地教

育、森林康养等特色项目，提高森林体验质量和经济附加值。通过采取"五个一"措施，即制定一个总体发展规划、编制一套自然体验教育课程、建设一个森林体验馆、打造一个专业团队、建设一个网络宣传平台，不断提升国有林场引领全国自然体验教育的品牌效应。

(二)加强人才队伍建设，不断丰富体验课程

高素质高水平的管理团队是保证自然学校良好运营的关键，加强人才队伍的培养是自然体验教育工作的重中之重。通过加大培训力度，将国内外先进的自然教育理念深入到国有林场每一位员工。同时，加大对自身森林文化、林场文化的挖掘，不断丰富具有特色的体验课程，让国内外先进的课程理念与自身的资源特点相结合，研发出自己的优质课程，将国有林场逐步打造成训练自然教育人才团队和提供高品质体验课程的自然教育传播中心。

(三)开展广泛合作，实现资源共享与共赢

近年来，随着自然教育实践活动在国内影响力的不断加大，社会各界纷纷向国有林场伸出了开展合作的"橄榄枝"。在期盼合作的形势下，国有林场应进行甄别，选择理念先进、实力较强、声誉较好、质量过硬的自然教育机构、学会协会、科研院校及相关企业开展长期合作，学习对方成功的经营管理经验和模式，将竞争对手变成战略伙伴，实现资源、人才等优势互补、资源共享和共赢。

(四)推进融合发展，开发利用新媒体手段

自然教育需要"互联网+森林体验"模式相配套，才能不断加快自然教育信息化建设步伐。在今后的探索中，要开发利用 AR、CR 等新技术手段，开发森林寻宝自然探秘等游戏，推进传统媒体与新兴媒体的融合发展，加强官方网站和新媒体建设，不断创作出精品力作，进一步加大自然体验教育的宣传力度，引起全社会的广泛关注和支持。

# 第三节　浙江省自然教育开展情况

近年来，浙江省已在丰富的自然资源基础上，利用得天独厚的优势，开展了丰富多彩的自然教育活动，形成了若干主题鲜明的自然教育基地。浙江省自然教育对国有林场的启示主要有：找准林场特色，做好服务定位；结合功能定位，做好课程开发；保障人才队伍与场地设施建设；加大政策和财政资金支持力度；加大自然教育的宣传力度。

## 一、浙江省自然教育开展现状

浙江地处我国东南沿海,大部分地区位于浙闽丘陵地带,地质构造多样、江河众多,独特的地形地貌和丰富的水系格局形成了植被种类繁多、生物多样性富集、景观层次丰富的自然资源。浙江高度重视自然资源的保护工作,经过多年的建设发展,已建立数量众多、类型丰富、功能多样的各级各类自然保护地,在开展自然教育方面拥有得天独厚的优势。截至 2020 年底,全省共有省级以上保护地 311 处,其中国家公园体制试点 1 处;国家级自然保护区 11 个、省级自然保护区 16 个;国家级风景名胜区 22 个、省级风景名胜区 37 个;国家级森林公园 43 个、省级森林公园 85 个;国家级湿地公园 13 个、省级湿地公园 54 个;世界地质公园 1 个、国家级地质公园 5 个、省级地质公园 8 个;国家级与省级海洋公园(海洋特别保护区)各 7 个;此外还有世界自然遗产 1 处。自然保护地体系在保护生物多样性、保存自然遗产、改善生态环境质量和维护生态安全方面发挥了重要作用,同时也为开展丰富多彩的自然教育奠定了坚实的基础,创造了有利条件。

为贯彻习近平总书记在全国科技创新大会上的讲话精神,浙江始终把科学普及放在与科技创新同等重要的地位,把自然教育作为科普工作的重要抓手,深入挖掘浙江省生态自然资源和生态人文资源,促进自然、科技资源向科普资源转化,广泛开展丰富多彩的林业科普活动,如浙江省林业主管部门通过林业科技周、送科技下乡、设立自然教育总校等活动,积极探索林业科学普及与自然教育的形式和内容。先后开展了浙江省林业科普基地、浙江省森林人家、浙江省森林康养基地、浙江省自然教育基地等评选活动,不断推动国家级、省级林业科普基地创建工作。全省累计命名生态文化基地 300 家,授予"全国生态文化村"称号 45 个,数量居全国之首;创建国家级林业科普基地 12 个,省级林业科普基地 20 个;国家级森林文化小镇 6 个,省级森林文化小镇 15 个;国家级自然教育学校(基地)17 家,省级自然教育基地 10 家。

近年来,浙江在全国率先组织开展了丰富多彩的自然教育活动。2019 年,浙江成功举办了全国自然教育工作会议,在会上依托中国林学会成立自然教育委员会(自然教育总校);同年专门成立浙江省林学会自然教育专委会和浙江省自然教育总校,积极开展自然教育行业实践新探索,搭建林业科普教育交流新平台;连续在《中国绿色时报》等媒体上刊登宣传浙江自然教育进展和成效的文章,展示自然教育基地新面貌,广泛宣传生态文明理念。同时,根据每年的林业生态文化建设主题,选取林业科普(自然教育)基地开展林学科普大本营等活动。近年来,先后组织赴安吉竹子博览园、新昌达利丝绸世界生态园、杭州市富阳区万市镇杨家村、浙江农林大学、杭州植物园等地开展专题科普活动,极大地丰富了浙江的生态文化生活,对帮助青少年树立生态文明理念,促进乡村振兴有着积极的意义。

目前,浙江省自然教育迅速发展,形成了若干主题鲜明的自然教育基地。如百年林场,非遗魅力—长乐青少年素质教育基地;湖州记忆,梁希晓风—梁希国家森林公园;生态护水,农业示范—千岛湖水源地保护自然教育学校;仙圣垂迹,最美森林—永康市林场;军旅情怀,竹构精彩—浪漫山川国际营地等。

从国有林场来看,经统计,目前浙江100家国有林场中有33家已开展自然教育活动。在未开展自然教育活动的国有林场中,有意愿开展自然教育的占73.1%。可见,浙江省国有林场开展自然教育的潜力较大,前景广阔。

## 二、浙江省自然教育类型

(一)百年林场,非遗魅力—杭州长乐青少年素质教育基地

杭州长乐青少年素质教育基地,位于余杭区径山镇长乐林场,交通便利,环境优美,有"江南小九寨"之称,占地2.3万亩,可同时接待1500人。该基地依托百年长乐林场丰富的森林资源、优美的自然景观、极佳的生态环境开设天然的林间大课堂。基地是一所集生态教育、科普教育、国防教育、劳动实践、研学旅行、素质拓展、禁毒教育、法治教育等于一体的综合性学生校外素质教育实践基地,被授予"全国中小学生研学实践教育基地""自然教育学校(基地)""浙江省国防教育基地""浙江省生态文明教育基地""浙江省科普教育基地"等称号。

在教育设施建设上,基地以林场为基础,设有植物园、蔬菜基地、茶园等设施,有丰富的植物资源,能够让学生贴近自然、了解自然、爱护自然、敬畏自然。基地特色开设"森林非遗中心",以"传承非遗文化,培养工匠精神"为宗旨,通过参与学习制作,提高了学生们的动手能力,也让非遗文化得到了传承。

在师资力量上,基地为企业式管理模式,竞争力较大,有助于提高员工积极性。有一定的师资队伍和专业的林业教师做指导,工作板块和分工较为明确,定期对员工进行培训,参加国内外的交流等,不断提高从事自然教育人员的素质。

基地自然教育模式丰富,涵盖了亲子、实习、拓训、研学、旅游等教育模式。将自然教育分为自然科普、自然体验与自然探索3种类型。自然科普以讲解为主,以课堂的形式让学生熟悉自然,适合短时间的教育过程或在校园内开展;自然体验注重学生的动手操作过程,让学生沉浸式地学习;自然探索则增加了学生主观能动性与自主性,能最大限度满足学生对于自然的好奇心。

在教育方式上,基地以"能做动的不做静的,能做活的不做死的"为核心理

念，进一步让学生融入自然的学习中去。在学习过程中，老师起引导作用，让学生自主进入自然，提高学生的参与度，增强实践性，在学中玩，在玩中学。每一次参加自然教育都是孩子们走出校园的一次旅行，在旅途中获得知识。基地最早与学校合作，开展国防教育活动，丰富了学生们的军旅体验，锻炼了学生吃苦耐劳的精神。基地还与周边高校进行合作，如与浙江农林大学合作，组织学生到百草园学习中药学知识。

在课程安排上，基地开设了"生态与自然""生存与拓展""生活与劳动""生命与安全"4大类课程、80多个主题活动。课程旨在通过自然观察、自然笔记、模拟游戏、自然科学原理实验、调查研究、动手体验等主动学习方式，让孩子们融入自然、亲近自然，去体验人与人、人与自然以及自然本身应有的和谐平衡，去感受大自然的奥妙与完美，从而学会欣赏自然、保护自然、尊重生命，并开发他们的想象力，提升他们的创造力。大部分学习任务需要通过学生自己思考与动手操作完成，这种教育方法不仅对学生进行了适当的科普，也让学生们有体验感，完成后更有成就感，从而入脑入心、印象深刻。

(二) 放下手机，走进自然—桃源里自然中心

桃源里自然中心(以下简称中心)位于杭州植物园内，发起于阿里巴巴公益基金会的"植物达人训练营"，由杭州植物园、阿里巴巴公益基金会、桃花源生态保护基金会联合打造。2016年4月，中心正式启动建设，2017年4月21日，中心正式开学。

中心以"让自然成为生活"为宗旨，以"成为公众喜爱的自然乐园、打造优质的自然教育众创空间、树立城市型自然中心的典范"为愿景，为大众提供一个重回自然怀抱的场所，让每个人在适当的时候，都能放下手机、走进自然、拥抱自然，使热爱自然、保护自然的意识与情感在人们心中油然而生。

中心设计了乐自然、游自然、学自然、创自然4个教育板块。具体课程与活动有：

乐自然包括自然嘉年华(1年1次)：提供自然教育体验盛会；绿手指工坊(1学期1次)：学习植物栽培等手工制作活动。

游自然包括博物旅行(1学期1次)：探索杭州周边森林或国内外有代表性的自然保护区；四季漫步(视季节)：在杭州本地开展公益讲座、观鸟、夜观、自然笔记等活动。

学自然包括桃源讲座(每月1次)：开放式自然教育分享和交流平台；自然沙龙(每月1次)：在图书馆内开展自然阅读、作者分享等活动；达人培训(每月1次)：为自然爱好者提供培训，包括观鸟、认识植物与昆虫。户外课堂(学期间

每月1次):为假期的孩子们提供课外自然教育。

创自然(1年1次)包括专业培训:为自然教育专业人才提供长期培训;自然创投:为从业机构提供创业资金和辅导;行业交流:增进行业间沟通,促进行业间跨界交流。

(三)体验沉浸,天目探奇—大地之野自然学校

大地之野自然学校,成立于2016年国际儿童节,是到目前为止国内较为系统实施自然教育的专业机构,现已跻身中国自然教育行业一线品牌。天目山世界级生物圈保护区与国家级自然保护区是大地之野的大本营,除此之外,在宁波伏龙山、杭州龙坞小森林及杭州的花圃、植物园、南高峰、宝石山都能找到大地之野的身影。大地之野的战略布局以长三角为中心,辐射全国,融合全球自然教育精英,为从幼儿到中小学的少年儿童,提供自然环境中的体验式和沉浸式教育,培养孩子对自然的探究精神与能力,锻炼体格,孵育艺术种子,塑造人格。该教育机构依托各种自然资源优势,让孩子们在原始森林里感受自然教育。

大地之野致力于中国自然教育国际化与本土化融合,以教育为导向,以体验为纽带,为少年儿童提供自然环境中最接近教育本质的沉浸式跨学科情境教育。培养孩子的探究精神、认知世界和拥抱世界的素养与能力。主要核心竞争力有营地运营、课程体系和专业团队等。

占地上万平方的自然教育营地,可容纳几百个孩子一起参加活动,包括林间活动基地、户外活动和露营基地、自然艺术手作基地、体验中心大本营、田园生活基地、峡谷攀岩拓展基地、水上活动拓展基地等,提供孩子们以不同的活动形式较为全面地去体验自然。

大地之野的自然教育课程体系,以体验式、探究式学习为教育路径,以培养自然科学素养为核心教育目标,为"在自然中成长的世界公民"提供视野、思维、素养、能力、情感的培育。通过科学、艺术、探索三大灵魂课程,让孩子去感受和体验真实的森林、峡谷、山脉、溪流,启发心智、激发创造力和想象力,使其德、智、体、美、劳得到全面发展。

大地之野的优势主要体现在,运营团队强大,人数较多,团队导师为拥有多领域多项认证资格的全职专业导师,在师资方面有着较大的优势;建校以来与中小学合作开展第二课堂,服务十万精准用户和上百所中小学;在宣传方面拥有属于自己的较为专业的公众号;与当地农户、老匠人合作开展务农、竹艺课程,这种方式有较大的发展前景;以企业制的方式运营,员工积极性较高;基地基础设施较为完善,安全较有保障。

## 三、浙江省自然教育对国有林场的启示

### (一) 找准林场特色,做好功能定位

自然教育作为弘扬生态文明思想、践行生态文明建设最有效最直接的方法之一,主要通过以自然环境为背景,建立"人与自然"之间的联系,激发人类可持续发展意识,鼓励公众保护自然、亲近自然,与自然和谐相处。各级党委政府、社会各界尤其是作为自然教育主战场的国有林场要站在坚持新发展理念的高度,进一步提高认识、统一思想,大力推进自然教育工作。各林场要充分挖掘自身的优势特色,找准适合自己的模式,因地制宜开展自然教育活动。

### (二) 结合功能定位,做好课程开发

国有林场要结合自身功能定位,充分发挥林场的特色优势,明确服务对象,构建独特的具有本土气息的自然教育模式,创新自然教育项目与课程体系,在营地开发和课程内容上注重分层分类,即根据不同年龄、不同人群设计不同的课程模块,供不同服务对象选择。

课程设计既要积极探索自然教育资源专项课程的操作性,又要完善与中小学学校课程体系、社会终身教育体系的对接与融合。课程开发应以体验与探索为中心,引导受教育者积极参与实践体验、主动思考、自主探究。

### (三) 保障人才队伍与场地设施建设

近年来我国自然教育如雨后春笋般蓬勃发展,专业人才的培养与储备远远跟不上自然教育的发展速度,因此人才队伍建设已成为自然教育的最大瓶颈之一。国有林场自然教育的发展要注重加强人才引进与培养,重视人员的自然教育系统专业培训,打造一支专业性和业务能力较强的人才队伍,使他们成长为热爱和保护自然的引领者、倡导者、代言人与行动者,为自然教育的顺利进行与发展提供人才保障。

场地设施是进行自然教育的物质基础,国有林场要不断完善场地设施建设,改善交通条件,做好人员的安全与后勤保障工作。可以考虑建设以下6类场地设施:环境教育、文化感悟、自然体验、园艺实践、观测实验和自然解说。场地设施设计与建设应遵循可持续性与探索性原则。可持续性原则即自然教育的场地设施应使用环境友好型材料,体现尊重自然、保护环境的思想。探索性原则是指自然教育场地设施在保障安全的前提下,应设计丰富多变的地形、具有探索性的设施,以便为体验性、探索性课程的开展提供条件。

## (四)加大政策和财政资金支持力度

国有林场是以保护培育森林资源为目标,维护国家生态安全,为社会提供优质生态公共产品的公益性单位。在政策方面,各级人民政府应鼓励国有林场试点发展自然教育事业,在国有林场自然教育设施建设用地、财政性资金扶持上给予适当倾斜和支持,将国有林场发展成为自然教育引领者。各级人民政府要加快建立具有中国特色的自然教育相关政策制度体系,完善自然教育市场准则。在资金方面,考虑当前林场现状,给予相应的财政资金支持,解决自然教育前期资金投入较大的问题。

目前自然教育在浙江国有林场中普及度尚不高,开展自然教育也存在着一些困难,但国有林场应充分发挥自身资源与条件优势,在政府政策与资金扶持下,大力发展自然教育事业,为推动人与自然的和谐共处贡献力量。

## (五)加大自然教育的宣传力度

《中华人民共和国森林法》第22条提出:"各级人民政府应当加强森林资源保护的宣传教育和知识普及工作,鼓励和支持基层群众性自治组织、新闻媒体、林业企业事业单位、志愿者等开展森林资源保护宣传活动。"

国有林场应构建完善的宣传媒介系统,引导受众感知自然教育。加强解说系统建设,在国有林场内设置内容通俗易懂、分布科学合理、形式丰富多彩的宣传标识,吸引受众的注意力。通过当代先进的网络信息技术,如小程序、公众号等加大对自然教育的宣传力度。依托浙江林业数字化平台、国有林场自然教育网络平台,为国有林场交流与分享自然教育经验、有效整合自然教育资源提供便捷。

中篇

浙江省国有林场自然教育

# 第三章　国有林场现状

## 第一节　浙江省国有林场概况

浙江省国有林场经历了一百多年的发展，目前全省共有国有林场100个，其中公益一类60个、公益二类37个、公益性企业3个。林场资源丰富、人员组成优化、组织机构完善、经营管理规范。目前全省国有林场正以全新的姿态，在全国率先开展现代国有林场建设、推进国有林场高质量发展，使未来国有林场建设试点，朝着林业现代化方向迈进。

### 一、历史沿革

浙江省国有林场最早可追溯至清宣统二年（1910年），余杭区长乐林场前身——杭北林牧股份有限公司成立。民国元年（1912年）浙江省实业厅为倡导实业、辅导造林，按道属体制，分别设立杭州（杭嘉湖道）、临海（宁绍台道）、兰溪（金衢严道）及永嘉（温处道）共4个省立苗圃，进行人工育苗造林的示范推广。全省第一个省立林场—省立第一模范林场于民国十三年（1924年）7月21日在建德梅城创办。中华人民共和国成立后，国有林场快速发展，特别是1950—1979年，是浙江国有林场历史上发展最快的时期，由1950年的6个发展到1979年的118个国营场圃。此后，全省国有林场的个数基本稳定在100个左右。截至2014年年底，全省有108个国有林场，2015年10月完成全国国有林场改革试点，全省国有林场为100个。

### 二、资源现状

至2020年，全省国有林场经营总面积394万亩，占全省林地面积的3.92%，森林蓄积量2454万立方米，森林覆盖率92.6%。全省19个国有林场共建有各级种苗基地25个（部分林场同时建有种子和苗圃基地），已建成省级以上林木种质资源库16处和重点林木良种基地14处，分别占全省总数的59%和64%。全省国有林场通过省级林木良种审定的有62个，超过全省审（认）定数的五分之一。在国有林场基础上建有各类自然保护地117个；建成国家3A级以上旅游景区36个；森林康养基地29处。全省国有林场开展森林旅游和森林康养总经营规模156万亩。

## 三、人员组成

截至 2020 年底，浙江国有林场职工总数 10035 人，其中在岗职工 2859 人，离退休职工 7176 人。2015 年完成国有林场改革试点后，通过五年的发展，全省国有林场在岗职工从 4176 人优化到 2859 人，新进人员 257 名，人才队伍更加精简化；30 岁以下职工占比从 3.8% 提高到 7.9%，人才队伍更加年轻化；专科以上学历职工占比从 33.9% 提高到 54.8%，助理工程师以上职工占比达到 36%，人才队伍更加优质化。

## 四、组织机构

2011 年 1 月 19 日，国家发改委、国家林业局印发《关于开展国有林场改革试点的指导意见》，启动全国国有林场改革试点工作。同年，国家林业局印发《国有林场管理办法》，明确国有林场为具有独立法人资格的林业事业单位。

2013 年 11 月 16 日，经浙江省机构编制委员会批准成立国有林场在省级层面的专事管理机构——浙江省国有林场和森林公园保护总站（现为浙江省公益林和国有林场管理总站），主要承担全省国有林场具体管理事务，组织领导全省国有林场改革试点工作。按管理层级分：省级管理 1 个，市级管理 6 个，县级管理 93 个，县管国有林场管理占主体。按单位性质分：公益一类 60 个，公益二类 37 个，公益性企业 3 个。全省国有林场管理体制实行属地管理，市县级一般由属地县的林业主管部门负责管理指导。

## 五、经营管理

《中华人民共和国森林法》第 14 条规定，森林资源属于国家所有，由法律规定属于集体所有的除外。国家所有的森林资源的所有权由国务院代表国家行使。国务院可以授权国务院自然资源主管部门统一履行国有森林资源所有者职责；第 16 条规定，国家所有的林地和林地上的森林、林木可以依法确定给林业经营者使用。林业经营者依法取得的国有林地和林地上的森林、林木的使用权，经批准可以转让、出租、作价出资等。具体办法由国务院制定。林业经营者应当履行保护、培育森林资源的义务，保证国有森林资源稳定增长，提高森林生态功能。

《国有林场管理办法》规定，国有林场实行"营林为本、生态优先、合理利用、持续发展"的办场方针，主要任务是培育和保护森林资源，维护国家生态安全和木材安全；开展科学试验和技术创新，推广先进技术；保护林业生态文化资源，促进人与自然和谐发展。

100 个国有林场中，97 个林场增挂"国有生态公益林保护管理站（所）"牌子。

科学核定国有林场人员编制2850个，事业经费均被纳入当地财政预算管理。改革过程中未出现新的下岗分流人员，国有林场职工全部按规定参加养老、医疗等社会保险并享受相应待遇。国有林场改革进一步夯实了发展基础，经营方式实现由单纯的木材经济向以生态效益和旅游业为主的森林多功能利用转型，焕发出新的生机和活力。全省国有林场以全新的姿态，在全国率先开展现代国有林场建设、推进国有林场高质量发展，朝着林业现代化方向迈进。

## 第二节　国有林场建设与发展情况

浙江省从2008年起率先在全国启动国有林场改革，2015年圆满完成各项任务，率先通过国家验收，国有林场改革取得显著成效。接下来将从现代国有林场建设、推进国有林场高质量发展、建设未来国有林场等方面着手国有林场深化改革。

### 一、国有林场改革历程

浙江省从2008年起率先在全国启动国有林场改革工作，浙江省委、省政府高度重视国有林场改革工作，出台了一系列改革政策意见，为浙江国有林场改革的顺利进行奠定了坚实基础。

2013年8月国家正式批复《浙江省国有林场改革试点实施方案》后，浙江省委省政府高度重视，出台国有林场改革指导意见，全省上下以国有林场改革试点为契机，紧紧围绕保生态、保民生两大改革目标，精心谋划、统筹推进，2015年，浙江圆满完成国有林场改革各项工作任务，率先通过国家验收。通过改革，转变国有林场发展方式，加强基础设施建设，夯实发展基础，使森林资源得到有效保护和利用，发展活力明显提升。有效发挥了国有林场在两美浙江、森林浙江建设中的积极作用。

2014年10月省委省政府印发《关于加快推进林业改革发展全面实施五年绿化平原水乡十年建成森林浙江的意见》，提出"深化国有林场改革，进一步理顺国有林场管理体制，健全国家所有、林业行政部门管理、林场依法保护经营的运行机制"。

### 二、深化国有林场改革

(一) 推进现代国有林场建设

为巩固国有林场改革成果，促进国有林场创新发展，发挥国有林场在森林浙江建设中的示范引领作用,经省政府同意,2016年,浙江省林业厅印发《关于开展"浙江省现代国有林场"创建工作的通知》。在全国率先开展现代国有林场建设,深化国有林场改革,加快推进国有林场高质量发展,并取得了显著成效,受到国家林业和草原局肯定,并向全国推广。到2020年底,浙江已建成"生态保护优先、产业发展充分、基础设施完备、林区富裕和谐"的"浙江省现代国有林场"36个。通过现代国有林场建设的推广和应用,极大促进了国有林场的现代化建设,为绿色转型发展提供了新路径,国有林场建设事业实现了跨越式发展。

2020年浙江省《现代国有林场评价规范》颁布,对科学指导现代国有林场实现规范化管理,推进"十佳老黄牛式好党员"等荣誉称号。国有林场坚持"围绕中心抓党建,抓好党建促发展"工作思路,着力打造"政治型""服务型""清廉型"党员队伍。

以"场+村(社区)"党建联建为载体,紧盯联系村资源优势和薄弱环节,充分发挥党建引领作用,深挖村经济发展潜力,科学确定联建项目,形成了"党建共谋、场村共赢、发展共兴"的生动局面。对推进现代科技、新型产业和惠农服务等要素资源的国有林场高质量发展具有重要意义,是全国首个国有林场建设省级地方标准,填补了国内空白。

(二) 着力推进国有林场高质量发展

2019年,省政府办公厅印发《浙江省人民政府办公厅关于加快推进国有林场高质量发展的指导意见》,进一步巩固和提升国有林场改革成效。制定了浙江省国有林场中长期发展规划,为国有林场高质量发展指明了方向。

1. 党建引领高质量发展

全省100个国有林场全部建立基层党组织,目前共有在职党员1027名,其中45周岁以下占比30.83%、专科以上占比64.42%。近年来,20个林场党组织多次获得县级以上"优秀基层党组织""五星党支部""四化"示范党支部、"十佳活力党支部""基层党风廉政示范点"等荣誉称号;24名党员多次获得县级以上"优秀党组织书记""担当作为好支书""优秀共产党员""优秀党务工作者""党建先锋",共享共建,落实精准扶贫政策。近年来,浙江国有林场与周边乡村形成结对帮扶载体46个。场与村(社区)结对帮扶47个,党员结对帮扶222人,除了技术、实物慰问以外,帮扶资金达178.56万元。

浙江省国有林场坚持把党的政治建设摆在首位,严明政治纪律和政治规矩,为高质量发展筑牢廉洁底线。坚持干部为事业担当、组织为干部担当、严管就是厚爱原则,加强党员干部政治历练、实践锻炼、专业训练,突出培养政治强、业务精、作风优、有情怀的复合型国有林场干部。

2. 人才队伍建设

人才队伍培养是实现国有林场高质量、可持续发展的重要支撑。近年来，浙江国有林场坚持以习近平总书记关于人才工作重要指示精神为指导，大力实施"人才强场"战略，牢牢抓住"引、育、留、用"四个环节，努力培养造就一支数量充足、结构合理、素质优良、优势突出的高素质国有林场人才队伍，为我省国有林场高质量发展蓄力赋能。

（1）创新"引才"模式，优化队伍结构

受地理位置偏远、编制限定等因素制约，国有林场进人相对比较困难。近年来，浙江省积极采取人才交流、公开招录、委培定向生等方式，加强人才队伍建设，招引了一大批有志青年加入国有林场大家庭。具体措施包括由人力资源和社会保障、教育、林业等部门共同研究制定专项政策，实行定向培养人才；为鼓励高校毕业生到国有林场工作，适当放宽条件，简化招聘程序，采取直接面试、组织考察等方式单独公开招聘；灵活运用改革期间定编不定人的政策，采取退二进一或退三进二的方式招录急需人才。2016年以来，全省国有林场共新进管理和专业技术人才257名，其中本科以上学历95人、定向委培11人、军转干部27人，进一步优化了我省国有林场队伍的年龄和知识结构。

（2）建立"育才"机制，激发队伍活力

人才活力足不足、动能强不强、作用能不能充分发挥出来，关键在于有没有强有力的制度机制做保障。浙江省注重联合培养：支持国有林场与高校、科研院所开展合作，在共同建设各类科研基础平台的同时，大力培养高素质林业科技人才；抓实职工培训：制定人才培养计划，广泛开展林业知识培训和职工技能实践，采用岗位轮训、上挂锻炼、外出学习等多种机制，提高职工专业水平和综合素质；畅通晋升渠道：为了用好用活人才，建立灵活的人才管理机制，大胆优先选拔年轻干部，把素质好、有能力的年轻干部放到重要岗位上，优先晋升职称，不断提高年轻干部工作的积极性，形成年轻干部脱颖而出的良好机制。

（3）强化"留才"保障，确保队伍稳定

国有林场工作条件艰苦、薪资待遇低是影响人才流失的重要因素。只有解除人才的后顾之忧，才能让国有林场队伍待得踏实、干得起劲。浙江省不断提高国有林场工作人员工资待遇，目前全省国有林场职工人均年收入达11.54万元，基本达到当地同类事业单位的平均水平。同时，督促指导国有林场根据实际情况建立和完善职工绩效考核制度，符合条件的偏远林区工作人员可按规定享受乡镇机关事业单位工作人员工作补贴政策，并在单位绩效工资分配时予以倾斜。目前，全省100个国有林场中已有33个落实乡镇工作补贴制度，补贴标准在 200~400 元/月。

（4）突出"用才"实效，彰显队伍作用

森林资源管护是国有林场的重点工作之一，管护森林资源的首要任务是林区防火，培养技能优良、素质过硬的消防队伍是国有林场人才队伍培养的重要任务。浙江国有林场森林消防队伍主要通过林场职工组建、周边乡镇（村）联防联动和购买社会服务三种形式组建。截至目前，浙江国有林场共建有消防队伍133支，其中专业队伍18支；森林消防队员数量2745人，平均年龄48.1岁，保险参保率91%；配备巡逻及应急用车191辆，建设引水上山蓄水池1077处，完成培训303次，开展消防演练321次。

3. 基础设施建设

大力推进国有林场基础设施建设是深入贯彻浙江省政府"加快推进国有林场高质量发展"重大决策部署，探索国有林场现代化发展新路径的重要举措。

近年来，浙江省高度重视国有林场基础设施建设工作，聚焦短板、精准发力、主动作为，努力实现基础设施完备。2019年以来，全省国有林场基础设施（水、电、路、房、监控、网络等）建设项目共计599个，投入资金共计7.1亿元。全省国有林场实现了通场公路全部硬化，万亩以上林区公路全部通达，科研、生产、生活用房需求得到有效解决，电网升级改造纳入地方统一管理，林区通信网络基本覆盖，极大地夯实了国有林场的发展基础。

（1）坚持科技赋能，生产管理更加智慧

近年来，浙江省大力实施"科技兴场"战略，将高科技、数字化作为国有林场高质量发展的新要素，推动国有林场逐步从传统林业向现代林业迈进。在生产方面，实施数字化项目，将科技转化为生产力，全面激发林业生产内生动力；在管理方面，大力引进先进现代化设备，提高林业生产工作效率；在研发方面，主动与高校及科研院所开展科技合作，打通科研与生产通道，全省国有林场共获得国家级科技成果奖4项、部（省）级科技成果奖113项，多项科技成果已在林业生产建设中得到推广应用。

（2）坚持项目引领，公共服务更为健全

国有林场大多地处偏远，公共服务难以触及，肩挑手提司空见惯。近年来，在国家和浙江省委省政府的大力支持下，注重财政资金投入，以项目建设为牵引，大量危旧管护房得到维修和重建，大量破损林区道路得到整修养护，林场面貌发生了翻天覆地的变化。截至目前，全省100个国有林场731个林区中，29个林场已办理不动产登记，覆盖面积达22.13万平方米。高质量发展带来的新变化，改变了以往林区有房无证的被动局面。具体做法上坚持规划先行、强化资金保障、注重规范管理。

**(3)坚持以人为本,生活配套更有保障**

为改变国有林场条件艰苦,基础设施普遍较差的旧面貌,近年来,浙江省以国有林场改革、现代国有林场创建和高质量发展为契机,大力开展以水、电、房等为主要内容的林区配套设施建设,极大地改善了林区的生活条件,走出了一条资源得保护、民生得发展的成功路径。主要在着力改善基本生活、着力丰富文体生活、着力加强福利保障上下功夫。截至目前,全省国有林场房屋总面积81.8万平方米,较2015年增加21.4万平方米;安全饮水问题得到全面解决,林场居民喝上了安全水、放心水。支持创新建立文体活动室,开展丰富多彩的业余文化活动,激发林场职工工作积极性,促进林场文化的建设,营造积极向上的氛围,提高凝聚力和向心力。目前全省半数以上国有林场建立了职工文体活动场所。不断提高职工福利待遇,稳定林场职工队伍,把以人为本的人文关怀融入日常工作。截至目前,全省国有林场建造职工保障房5159套,同时,每年安排经费对退休职工、困难职工开展慰问帮扶。通过诸多措施,使国有林场这支林业生态的主力军逐渐从社会边缘成为政府社会关注的对象,职工归属感、获得感、幸福感日益提升。

**4. 资源培育保护利用**

贯彻落实浙江省政府《浙江省人民政府办公厅关于加快推进国有林场高质量发展的指导意见》,推动高质量发展离不开资源驱动。浙江省国有林场作为最重要的森林资源基地,厚植生态优势,坚持以林为本,立足培育、保护和利用多个发展维度,全面推进资源培育保护和利用,取得了显著成效。全省100个国有林场经营总面积394万亩,占全省林地面积的3.92%;森林蓄积量2454万立方米,森林覆盖率92.6%。

**(1)找准定位,森林资源扩面提质**

浙江省国有林场对标"重要窗口"的新目标新定位,因地制宜、因林施策,大力推进商品林大径材培育与储备林建设、天然林生态修复和公益林生态质量提升,着力打造森林科学经营的样板基地。2020年以来,全省国有林场育苗26963万株、造林5万亩、抚育10.9万亩、景观林改造提升1.2万亩、大径材培育2.05万亩、国家储备林建设8.17万亩、国乡合作及场外造林0.5万亩。浙江省国有林场是良种壮苗培育的主阵地,已建成省级以上林木种质资源库16处和重点林木良种基地14处,分别占全省的59%和64%。

**(2)多措并举,保护力度持续加大**

浙江绝大多数国有林场地处钱塘江、瓯江等八大水系的源头和两侧,生态区位至关重要,保护好国有林场森林资源,对构筑浙江生态安全屏障至关重要。一是坚持保护优先的发展战略。区划省级以上公益林281.8万亩,97

个国有林场增挂"国有生态公益林保护站(所)"牌子。二是切实做好松材线虫病防治工作。综合运用生物、化学、物理除治等措施，扎实推进除治工作。2020年防治面积42.9万亩，采伐疫木约5万吨，投入资金2953.6万元。三是高度重视森林防火。大力推进智慧林场建设，利用科学技术、数字化手段，严把国有林场森林防火每一道防线。全省国有林场共建森林防火储备仓库170个、防火隔离带7493千米、引水灭火蓄水池1077处，储水量5.1万立方米，配备巡逻及应急用车191辆，拥有133支专业、半专业森林消防队伍，森林消防队员2745人，多数国有林场安装防火监控系统。2020年完成培训303次，消防演练321次。

(3) 科学经营，转化利用成效显著

在培育、保护森林资源的同时，努力打通"绿水青山就是金山银山"的转换通道，推进森林资源可持续经营，引导养成绿色产业新业态、新产品，为实现精准脱贫、推动乡村振兴、建设生态文明贡献力量。全省国有林场开展森林旅游和森林康养总经营规模156万亩，参与人数482万人，就业人数3119人，收入3.59亿元。2019年以来共获得"国际森林疗养示范基地""国家级森林康养基地"等22项荣誉称号。开展林下中药材种植的29个林场，经营规模13027亩，参与人数3377人，就业人数513人，收入2000余万元。

(4) 合理布局，生态文化广泛传播

浙江国有林场作为林业生态文明建设的主阵地，主动探索自然教育新实践。全省100个国有林场中有82个已开展或计划开展自然教育，其中已开展自然教育的有33个，开设区域面积31万亩，年接待人数超过67万人次，收入超5500万元，21个国有林场获省级以上自然教育基地或林业科普基地称号，占全省获评数的36%。杭州市余杭区长乐林场迄今共为300多所学校的220万人次青少年提供森林绿色生态环境教育。2020年4月，浙江省林业局、省森林旅游协会在长乐林场开展了"山河无恙，感恩有你"公益活动，特别定制了4期"仙草森林亲子自然研学体验"公益自然教育活动，免费向援鄂医护人员家庭回馈，充分彰显了国有林场的社会担当。

## 第三节　机遇与挑战

目前浙江省国有林场开展自然教育机遇与挑战并存，生态文明建设、生态旅游业发展与政策支持都为自然教育带来了蓬勃发展的春天，而保护与利用的矛盾、建设资金的短缺、人才队伍的不足又给自然教育的开展带来了全新的挑战。

## 一、自然教育正迎来蓬勃发展的春天

(一)生态文明建设带来的机遇

党的十八大报告明确提出大力推进生态文明建设的总体要求,明确了"五位一体"的总体布局,提出了建设"美丽中国"的美好愿景。自然教育是建设生态文明的重要抓手,是经济社会发展的迫切要求。随着我国经济社会的快速发展和人们生态文明意识的提高,以走进自然、回归自然为主要特点的自然教育成为公众的新需求。同时,主体改革任务的完成为国有林场自然教育的发展带来了良好的机遇。

(二)生态旅游业发展带来的机遇

随着社会的进步及经济的发展,近年来我国生态旅游业发展迅猛,人们对自然生态、旅游观光、休闲游憩、森林康养、山水摄影、自然探索等方面的愿望越来越迫切。自然教育事业正成为林业草原的新兴事业,成为社会关注的新热点。我国各地专注自然教育的机构越来越多,开展了类型丰富、形式多样的自然教育,期望借助自然教育蓬勃发展的态势,为传统林业行业转型发展注入新活力。

(三)政策支持带来的机遇

2019年4月,《国家林业和草原局关于充分发挥各类自然保护地社会功能大力开展自然教育工作的通知》印发,这是第一个国家政府机构部署全国自然教育的文件。为贯彻落实文件精神,4月11日,中国林学会自然教育工作会议在浙江杭州召开,中国林学会等305家单位和社会团体发出倡议,依托中国林学会成立自然教育委员会(自然教育总校),统筹、协调、服务各地的自然教育工作,培育更多关注、参与自然保护事业的社会力量,激活各类自然保护地社会公益和教育功能,为自然教育事业发展提供广阔实践平台。

## 二、自然教育的发展面临全新的挑战

(一)保护与利用的矛盾

国有林场大多位于江河源头、生态较脆弱区域,经过长时间的保护,森林资源状况逐步得到改善。国有林场自然教育活动的开展,在开发、建设与利用自然景观资源的同时,必将不可避免地对生态环境造成一定程度的不良影响,特别是随着开发力度的加大,整体知名度提升,游客人流增加,将给环境保护带来较大威胁。

(二) 建设资金的短缺

国有林场大多为公益性事业单位，自然教育的开展需要在环境与资源保护前提下，提升教育设施设备水平，重点要加强资源保护设施、科普教育设施、解说系统以及安全、环卫设施、电信、互联网等建设，各项建设均需要大量的资金投入。如何有效统筹国家、地方、社会的资金，建立适应基础建设需要和市场经济要求的多元化投融资机制，有力推动国有林场基础建设，是国有林场面临的重大挑战。

(三) 人才队伍的不足

国有林场职工大多是从事林业工作的一线人员，长年从事森林管护工作，对自然教育活动的开展既缺少专业知识，也缺乏工作经验。如何科学有序地开展自然教育活动，对国有林场职工来说，完全是一项全新的工作。而开展自然教育活动，人才是成功与否的一个重要因素，直接影响自然教育发展的速度和前景。因此如何加强人才的培养与引进，是国有林场面临的又一重大挑战。

## 第四节 自然教育开展情况和优劣势分析

浙江省的100个国有林场中，已有33个已开展自然教育活动，49家有意愿开展自然教育。国有林场开展自然教育，存在生态环境良好，景观特色鲜明；人文遗存丰富，挖掘潜力较大；场地设施较全，发展基础较好等主要优势。同时存在竞争力较弱，知名度偏低；差异性较小，同质化明显；资金来源少，前期开发难度大；人才短缺，队伍结构不合理等主要劣势。

### 一、自然教育开展情况

(一) 自然教育基本概况

根据2020年问卷调查显示(见表3-1)，目前浙江省有33个(占全省国有林场总数的33.0%)国有林场开展了自然教育活动，其中独立开展的25个，占已开展的75.8%。公益一类、公益二类和企业性质的3类林场，开展自然教育的林场数占各类总数的百分比差异不大，但独立开展自然教育的林场数占已开展林场数为企业>公益二类>公益一类，不同性质的国有林场差异显著($P<0.05$)，公益一类独立开展自然教育的比例最小，其次是公益二类，企业性质的林场比例最高。

表 3-1  浙江省国有林场自然教育开展情况

| 单位性质 | 数量 | 已开展自然教育 | | 已独立开展自然教育 | | 未开展自然教育 | |
|---|---|---|---|---|---|---|---|
| | | 数量(个) | 百分比(%) | 数量(个) | 百分比(%) | 数量(个) | 百分比(%) |
| 公益一类 | 59 | 20 | 33.9a | 14 | 70.0c | 39 | 66.1a |
| 公益二类 | 35 | 11 | 31.4a | 9 | 81.8b | 24 | 68.6a |
| 企业 | 6 | 2 | 33.3a | 2 | 100.0a | 4 | 66.7a |
| 合计 | 100 | 33 | 33.0 | 25 | 75.8 | 67 | 67.0 |

注：表中同一列不同小写字母表示在 0.05 水平下差异显著。

33 家已开展自然教育的国有林场中有 22 家（占 66.7%）开展时间小于 5 年，普遍缺乏经验。在专业人才（97%）、设施（70%）、专业活动（67%）和课程开发（55%）上需求较大，且需要标准、规范与志愿者（见图 3-1）。

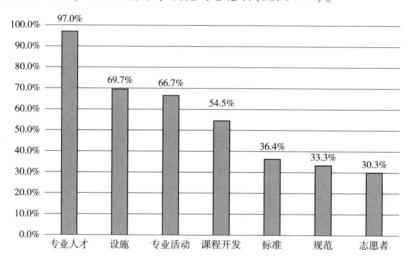

图 3-1  已开展自然教育的国有林场需求

浙江省未开展自然教育的国有林场有 67 个，占林场总数的 67.0%，这些林场中有 49 家（占未开展自然教育的国有林场的 73.1%）有意愿开展自然教育。可见，在国有林场开展自然教育的潜力较大，前景广阔，还需要进一步充分挖掘。

由图 3-2 可见，限制国有林场发展自然教育 6 类主要因素中，缺少自然教育专业人才（58%）、缺少资金（58%）和基础设施建设不齐全（40%）是主要原因，而体制原因（9%）、没有政策扶持（9%）与交通不便（6%）是次要原因。

由图 3-3 可见，对于目前尚未开展、但有意愿开展自然教育的 49 个林场来说，在资金（90%）、人才队伍培养（88%）、合作对象（78%）、师资力量（69%）

等方面的支持需求均在三分之二以上。

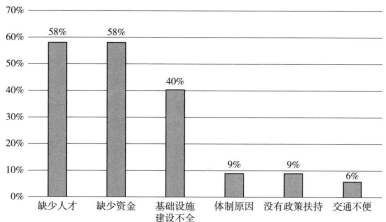

图 3-2　限制国有林场发展自然教育的主要因素

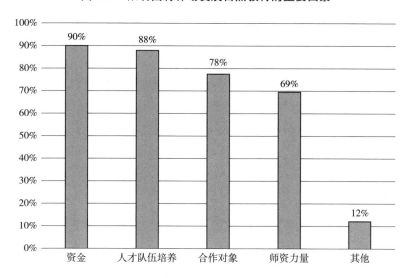

图 3-3　有意愿开展自然教育的国有林场希望得到的支持

(二)自然教育开展类型

从全省国有林场已开展自然教育类型来看(见图 3-4),主要为自然观察(占 88%),其次为科普知识讲解和户外拓展(均占 64%),可能是因为国有林场目前具备的优势与条件比较适合开展这三类自然教育。而开展农耕实践、自然艺术、自然疗愈、阅读、自然游戏等类型的则较少,可能主要因为这几类自然教育对课程设计与教师水平要求相对较高,导致开展难度较大。

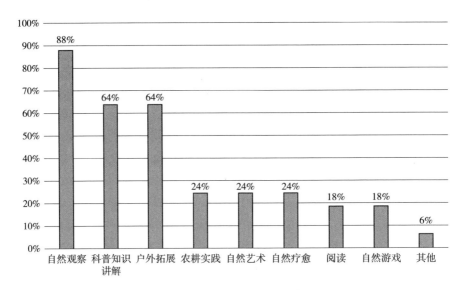

图 3-4　已开展的自然教育类型

(三) 自然教育服务对象

分析已开展自然教育的国有林场主要服务对象，结果如图 3-5 所示，周边社区居民(58%)与小学生(55%)是主要服务对象，其次是初中生(45%)、亲子家庭(39%)和企业团体(33%)，高中生(27%)与外地成人(27%)相对较少，面向学前儿童(18%)与大学生(18%)的最少。

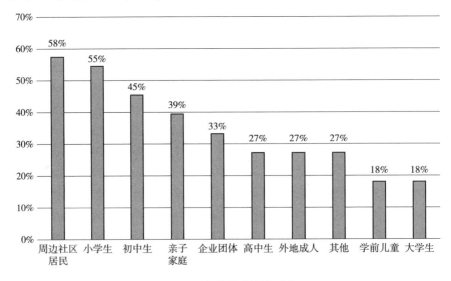

图 3-5　自然教育服务对象

(四)自然教育从业人员

1. 人员组成

统计分析从事自然教育的人员类型、年龄组成与学历结构(见图3-6)。人员类型中,志愿者比例最高(占44%),专职人员为31%,其余均是兼职人员。从年龄看,比例最高的年龄段为46~55岁(占34%),其次为36~45岁(占25%),56岁以上的仍占较大比例(占19%),而26~35岁仅占13%,25岁以下的年轻人比例最低(占9%)。从学历上看,专科人员比例最高(占43%),其次为高中及以下(占29%),本科较低(占27%),而研究生及以上仅为1%。可见,目前从事自然教育人员以志愿者为主,专职人员偏少,而且存在老龄化与学历偏低问题。

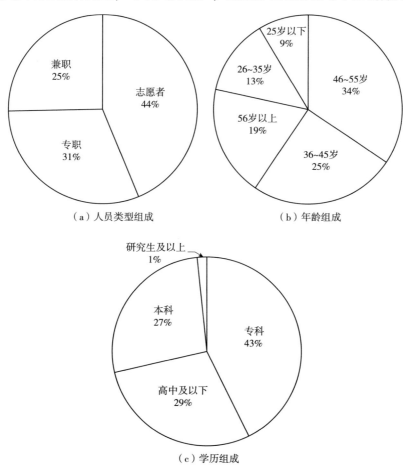

图3-6 从事自然教育人员组成

## 2. 能力培训

图 3-7 表明,从事自然教育人员所需要的能力需求依次为解说能力>讲课能力>组织能力>服务能力>宣传能力。调查统计表明,各国有林场提升自然教育人员能力的主要方式以自行组织人员参加各类培训为主(见图 3-8),其中安排员工到其他单位参观学习占 42%,资深员工辅导新员工占 23%,聘请专家定期进行员工内部培训占 15%,到学校正式修课或取得学位的仅为 5%。在目前开展自然教育的 33 家林场中,只有 7 家(占 21.2%)与学校进行了定向合作,结合学校课程的仅有 5 家(占 15.2%)。

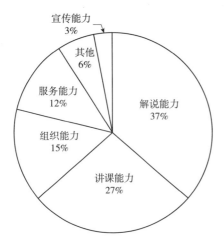

图 3-7 自然教育人员需要的能力需求　　图 3-8 自然教育人员参加的能力培训

## 二、优劣势分析

### (一)优势分析

1. 生态环境良好,景观特色鲜明

浙江国有林场主要位于区位重要的高山远山及水系源头,森林资源丰富,生态环境良好,生态区位重要。林场内四季景观千变万化,具有较为突出的生态环境优势及景观特色。林场森林覆盖率高,负氧离子浓度高,是自然教育的理想场所,更是现代都市人回归大自然的胜地。

2. 人文遗存丰富,挖掘潜力较大

浙江国有林场具有丰富的历史人文遗存,历史文化积淀深厚,文化遗存丰富,革命遗迹、遗址众多。从黄帝文化到周祖文化、从秦汉到盛唐、从明清遗存到红色革命文化,一脉相承,源远流长。近代无产阶级的红色政权在这里披荆斩棘、茁壮成长，红色文化根基深厚。这些都为国有林场的自然教育提供了丰富的素材。

3. 场地设施较全，发展基础较好

浙江国有林场资源丰富，截至2020年，在国有林场基础上建有各类自然保护地117个。各级政府前期在国有林场有较大的资金投入，使得大部分国有林场对外交通相对发达，驾车均可快速抵达林场区域。林场内场地设施较为完善，建有停车场、游步道、观景亭等，这些都为国有林场建设自然教育基地打下了良好的基础。

4. 发挥生态效益，顺应时代发展

习近平总书记说国有林场是宝贵的生态资源，是国家最重要的生态安全屏障和森林资源基地，在国家生态安全全局中具有不可替代的地位和作用，必须从中华民族历史发展的高度来看待这个问题。国有林场经过多年建设和保护，已成为林业生态文明建设的主阵地，是普及生态知识、增强生态意识、弘扬生态文明、倡导人与自然和谐的主力军。2019年浙江省政府办公厅印发的《关于加快推进国有林场高质量发展的指导意见》文件要求，各地要以改善国有林场自然教育资源、保障自然教育基本功能为重点，加快自然教育设施转型升级，提升自然教育服务能力；更要进一步发挥国有林场解决物质文明与精神文明之间矛盾的重要作用，为生态文明建设做出贡献。

(二) 劣势分析

1. 竞争力较弱，知名度偏低

国有林场总体来说自然教育开展历史不长、专业程度不高、主题活动较为单一、课程内容较为传统，与开展自然教育的专业机构相比没有突出的优势，竞争力较弱。同时，通过调查发现，部分国有林场区域知名度较低，建设初期对于公众的吸引力不足。

2. 差异性较小，同质化明显

由于国有林场本身的功能与建设任务的一致性，所以各国有林场之间优势雷同、差异较小，造成了明显的同质化现象。位于浙江省这一个区域的国有林场，凸显出定位不清晰、功能分区不明确、建设重复等问题，给各林场开展各具特色的自然教育带来了困难。

3. 资金来源少，前期开发难度大

国有林场大多为公益性事业单位，各级政府尚无针对自然教育的项目资金扶持，国有林场自然教育活动的开展缺少稳定的资金来源。大多数国有林场不同程度地存在着经费紧张的问题，严重制约了国有林场自然教育的可持续发展。

**4. 人才短缺，队伍结构不合理**

人才短缺是自然教育行业最为显著和棘手的问题，国有林场的工作人员大多来自林业专业，教育方面的知识与能力普遍欠缺。目前国有林场从事自然教育的专职人员偏少，且存在老龄化与学历偏低的问题，这也是国有林场与教育机构相比，在开展自然教育上存在的劣势。

# 第四章 案例分析

## 第一节 研学类(杭州市余杭区长乐林场)

杭州市余杭区长乐林场是浙江省自然教育历史最悠久的国有林场,杭州长乐青少年素质教育基地建于其中,利用百年林场历史积淀的自然生态资源优势,以"五生"为教育理念,积极开发森林生态特色课程,每年接待中小学生20余万人次,已成为浙江省自然教育的典范。

### 一、概况

余杭区长乐林场创建于1910年,位于杭州市余杭区径山镇,总面积2.2万亩①,森林覆盖率达86.5%,是全国首批国家重点林木良种基地。森林资源丰富,集中分布有成片的枫香、银杏、水杉、池杉、黄山栾树、无患子等彩叶树种,自然景观优美,生态环境极佳,是天然的林间大课堂。

杭州长乐青少年素质教育基地占地面积67公顷,其前身为"余杭市青少年科技教育实验基地"。该基地是一个综合性学生校外素质教育实践基地,被授予"全国中小学生研学实践教育基地""自然教育学校(基地)""浙江省国防教育基地""浙江省生态文明教育基地""浙江省科普教育基地"等称号。基础设施完备,建有教室、操场、宿舍、食堂、展示馆、林木良种基地、中草药基地等,可供开展自然教育的各类室内外活动场所10余处,室内活动场地面积达5000平方米,室外活动区域几乎涵盖了整个林场,包含森林、茶园、毛竹林、中草药基地等。基地配套设施齐全,可同时接待1200余人。安全管理制度健全、应急预案完备,各个活动体验区实现视频监控全覆盖,为开展自然教育活动提供了切实有效的安全保障。

近年来,基地坚持以提高青少年学生综合素质为根本宗旨,以"生存、生活、生态、生命、生长"——"五生"为教育理念,积极开发森林生态特色课程,组织广大中小学生开展以生态科普、劳动实践、森林拓展为主要内容的社会实践、素质教育、冬夏令营、春秋游和亲子假日等活动,为传播生态文化发挥了积极的作用。

---

① 1亩=1/15公顷,下同。

## 二、课程设置

针对中小学生，余杭区长乐林场设置了不同的课程安排与课程目标，适合多个年龄段的学生参与。将"生态与自然"系列课程分为森林考察、自然探究和生态保护三个部分。

森林考察由"感知森林""认识乔木""多姿灌木""长乐百草"四个单元组成，具体又分为"拥抱大森林""森林小医生""植物标本库"等十二项活动设计。既有丰富的知识量，又突出实践性、操作性，引导学生走入森林，通过互动体验来加深对森林的感悟和认识，激发爱护森林、爱护环境的自觉性。

自然探究由"昆虫世界""鸟的天堂""百变星象"和"气象万千"四个单元组成，具体又分为"昆虫的认知"、"观鸟活动"、"星象观测"等九项活动设计。课程以个人参与和小组合作的方式，尝试操作各种工具和仪器设备，到野外参与各种自然探究。通过走出课堂，回归自然，用视、听、嗅、触等感官亲身感受大自然的神奇与美妙，并通过考察、探究的过程，激发学生对大自然的好奇心与求知欲，学习掌握探究自然的方法。

生态保护由"环境监测""低碳行动"和"资源再生"三部分组成，具体又分为"水的味道""垃圾分类"和"低碳工艺品"等九项活动设计。课程活动突出理论与实际的结合，通过各种实验、检测和制作，使学生学到有关水、土壤、空气质量的相关知识，提高对保护环境的重要性、紧迫性和付之行动自觉性的认识。活动开展多以小组为单位，以培养学生团队合作的能力。

## 三、设施建设

(一)森林穿越体验区

以中甘林区娘娘山天然林区域为核心，结合"大禹治水"传说故事，恢复重建古迹甘岭古道，为学生提供登山健身、登高览胜、历史文化探源等体验活动。

(二)森林露营区

以国家级良种基地为依托，利用目前浙江生长和保存最好的湿地松、火炬松母树林和种子园等国外松林良种基地设置无固定设施帐篷营地100亩，配备必要的生活服务保障设施，为学生提供森林露营体验场地。

(三)森林探险运动场

依托现有青少年教育基地，选择林场场部馒头山建设森林探险运动基地，开展山地穿越、森林健康攀爬、森林迷宫、树上探险、拓展营地等趣味性体验项目。

(四)长乐森林公园

在森林公园认识森林、了解自然、制作自然名牌,建立与自然的联系;参与蝴蝶捕捉、放飞体验,感受如何吸引蝴蝶跟你翩翩起舞;品蜂茶吃蜂蜜蛋糕,接受大自然的馈赠等。这些活动别有一番风味,激发学生热爱大自然的感情。

(五)生态科普馆

基地建有2200多平方米的玻璃温室生态科普体验馆,馆内包括森林科普实景、中草药、食虫植物、沙漠植物、花卉、智慧农业6个展示区和无土栽培区、小盆景制作区等。整个场馆模拟现代智慧农业示范区精心打造,结合物联网技术,既还原了植物的野外生存环境又赋予了现代科技感。

(六)森林非遗中心

充分利用林场丰富的"竹、木、花、草、石"等自然资源,还原人类不同历史时期利用森林自然资源呈现文明的方式,开设了集科学、技术、工程、艺术、数学等元素于一体的自然教育与劳动研学系列课程,设置中泰竹笛、花道花艺、扎染、细木加工、中草药香囊实践体验馆等,通过参与学习制作,提高学生们的动手能力,也让非遗文化得到了传承。

(七)中医药文化体验区

在中甘林区创龄生物中草药仿野生种植生产基地,采用立体化栽培模式进行道地中草药栽培,包括附生树体铁皮石斛栽培,林下三叶青、覆盆子、百合、黄精、白芨等20余种中草药种植,面积约1000亩。该基地为国家级林下经济示范区,经野外栽培的纯天然中草药,无任何农药和添加剂,品质绝佳,为学生提供独具特色的中医药文化体验。

(八)森林炊乐园

建设森林炊乐园1000平方米,可同时容纳500人进行民俗大灶烹饪体验。

## 四、团队建设

为提高团队的综合实力,提升团队的综合素质,基地多次派出工作人员前往北京、甘肃等地参加森林引导员、森林体验馆和森林公园建设的培训学习。长期坚持邀请专家指导基地森林系列课程的设置和活动的开展。通过线上交流、线下考察，不断加强与外部的联系，汲取外部营养，寻找合作资源。团队还经常梳理基地自然教育的优势与存在问题，对现有资源重新整合细分，在充分发挥国有林场技术队伍作用的同时，积极引进教育专业人才，充实完善自然教育人才队伍。

## 五、运营模式

杭州长乐青少年素质教育基地由浙江物产长乐实业有限公司进行企业化运营。在这种运营与管理模式下，财务制度相对比较灵活，自然教育可以合理收费，有利于自我造血，可持续发展。同时，员工的薪酬绩效与工作业绩挂钩，有助于提高员工的工作积极性，使得基地在课程开发、人员培训、设施建设、市场拓展等方面都充分发展，形成了较好的良性循环态势。

## 六、特色活动

（一）虫虫总动员——基地长乐森林公园

在老师的带领下，寻找自然界的生物，为昆虫宝宝做一个特别的昆虫之家；寻找制作棕编的材料，学会用棕榈叶制作蚱蜢、螳螂；跟着林场养蜂达人找蜂王、了解蜜蜂的分工、亲手制作诱蜂桶。让孩子们走进昆虫的世界，发现属于它们的小奥秘（见图4-1）。

图4-1 虫虫总动员活动

## 第四章 案例分析

(二)科普学习——基地生态科普馆

带领学生近距离感受各种特殊植物(包括沙漠植物、食虫植物等)、花卉、中草药的神奇之处,通过记录各种植物的状态与细节锻炼观察与描述能力(见图4-2)。

图4-2 生态科普馆科普活动

(三)仙草之旅——创龄生物中草药仿野生种植生产基地

在老师带领下,让孩子们重点观赏中华仙草—铁皮石斛这一神奇附生树体生长环境,制作创意石斛盆栽,并将制作成果带回家继续养护与观赏(见图4-3)。

图4-3 仙草之旅

(四)香囊制作——基地森林非遗中心

防疫"安心香囊"用吴茱萸、柴胡、大黄、羌活、苍术、细辛六味中药材制作而成。中药配方香气浓烈,随身携带时能够达到抑菌避瘟的效果。

老师带领孩子动手制作属于自己的香囊,感受森林非物质文化遗产的魅力(见图4-4)。

图 4-4 香囊制作

**(五)五色木筒饭——基地森林炊乐园**

五色糯米饭是布依族、壮族等许多民族的传统风味小吃。因糯米饭一般呈黑、红、黄、白、紫 5 种色彩而得名,象征着吉祥如意、五谷丰登。

让孩子们亲身参与制作五色糯米饭,感受劳作的艰辛;该项活动需要团队合作才能顺利完成,树立队员的团队合作意识(见图 4-5)。

图 4-5 五色木筒饭制作

**(六)寻觅百草——浙江农林大学百草园**

浙江农林大学百草园始建于 2015 年 2 月,现有种植面积 15 亩,中药材 510 多种。园区以常用的 330 多种植物药为主线,分为解表篇、清热篇、泻下篇、温里篇等多个区块,是一本活的中药学教科书。同时结合临安及浙江各地方特色的民间草药,增设民间草药篇和民俗文化篇两个区块,区块内木本、藤本、草本三者有机结合。该园已成为临安区中小学生中医药文化教育基地。

学生在导师带领下开展寻觅百草体验活动,通过摸一摸、闻一闻、尝一尝,感受中华中草药文化的博大精深(见图 4-6)。

图 4-6　寻觅百草

(七)中医药之旅——浙江农林大学中药标本馆

浙江农林大学中药标本馆始建于 2003 年 9 月，馆内建筑面积 150 余平方米，是集教学、科研、对外交流、科普宣传为一体的现代化综合性展馆，共设有：生药标本区、贵重药材区、"浙八味"标本区等 8 个展示区，共有馆藏中药标本 530 余种。

学生在导师带领下开展参观标本馆、找一找比爷爷年龄还大的中草药标本等活动(见图 4-7)。

图 4-7　中医药之旅

(八)小小制药师——浙江农林大学中医药实验室

中药浸渍标本形态保存效果好，不仅在教学科研中起着重要作用，而且在标本陈列、展示和艺术观赏等方面也有重要的价值。

让学生在浙江农林大学中医药实验室自己动手学会天平称量、研钵研粉，体验手工制作中药浸渍标本的全过程(见图 4-8)。

图 4-8 小小制药师活动

(本节图片由杭州市余杭区长乐林场与浙江农林大学提供)

## 第二节 感知类(湖州市林场——梁希国家森林公园)

以湖州市林场为基础建立的梁希国家森林公园为"全国林业科普基地",公园生态环境良好,人文底蕴深厚,始终坚持将自然教育作为工作重点,努力弘扬生态文明思想,以实际行动践行梁希思想。充分发挥在发掘生态文化内涵、增强生态意识和生态责任、普及科学知识、倡导科学方法、弘扬科学精神方面的典型示范带头作用,实现梁希国家森林公园的社会价值。

### 一、概况

梁希国家森林公园(以下简称公园)位于湖州吴兴区,以我国著名林学家、林业教育家、新中国第一任林垦部长梁希(湖州双林人,1883—1958)命名。1991年,经原国家林业部批准设立,公园以湖州市鹿山林场为基础建立,2014年升格为国家级森林公园,是国家3A级旅游景区湖州金盖山景区的核心景点所在地,是浙江省林学会、浙江省森林旅游协会理事单位。公园荣获"全国林业科普基地""九三学社爱国教育基地"等称号。

公园规划总面积2.06万亩,处于山地向平原过渡地带,森林覆盖率高达97.9%,有野生植物1230种、陆生野生脊椎动物200余种,被称为世界物种基因宝库。公园生态环境良好,人文底蕴深厚,有古梅花观、下菰城遗址、古石道等历史遗迹,是湖城近郊唯一的山体游览空间,历来是文人墨客聚集之地,也是普通百姓踏青游览佳所,具有较好的游客基础,适合开展面向大众的自然教育活动。

公园始终坚持将自然教育作为工作重点,努力弘扬生态文明思想,以实际行动践行梁希思想,实现梁希国家森林公园的社会价值。经过多年的努力学习、积极实践、创新发展，取得了显著的成果，引起了省内和全国自然教育界的关注。

公园发挥自身优势，经常承办自然教育及宣传展览活动，例如"聚焦魅力道场"摄影插花艺术展、多肉植物科普展、旧石器新运用、"中国文人花道"插花艺术节、"梦回菰城"文化旅游节、组合盆栽公开课、吴兴区"KEEP WALKING"休闲运动节暨徒步活动、"灵兰山谷"汉服采花节、"梁希·五木集"自然嘉年华、自然课堂研学发布会、梁希公园自然课堂等系列活动，通过开展这些活动，宣传湖州本土文化、生态文化和梁希精神，充分发挥在发掘生态文化内涵、增强生态意识和生态责任、普及科学知识、倡导科学方法、传播科学思想、弘扬科学精神方面的典型示范带头作用。截至目前，共接待各种形式的自然教育访客2万余人，其中接受自然课程教育约5500人。

## 二、课程设置

梁希研学实践教育基地自然课堂研学课程的开发，遵循在自然环境中学习的原则，组合三类配套内容的中小学研学课程，涵盖自然教育、劳动教育等素质教育课程，旨在鼓励孩子树立热爱自然、崇尚劳动的风气，提升孩子的独立生活能力。组织学生利用课余时间学习多项技能，与德育、智育、体育、美育相结合，把握育人理念、遵循教育规律、创新体制机制、注重教育实效、实现知行合一，促进学生形成正确的世界观、人生观、价值观。

自然课堂的自然教育课程体系中，以体验式、探究式学习为主要方式，以启发孩子自主学习、自主探索为核心教育目标，为未来的世界公民提供"视野、思维、素养、能力、情感、习惯"的全面培育。结合高阶理论与强有力的策划执行，使课程更为系统、更贴近教育本质。经过多年探索与实践，自然课堂的研学活动，通过模块化整合，已提炼出五个主题，分别为：自然生态、森林卫士、环境保护、湖瓷文化、匠心传承。

### (一) 自然生态课程

开发梁希事迹讲解、纪念馆参观、植物认知和标本制作、昆虫认知和标本制作、种植采摘及美食制作、蔬菜种植、森林徒步等丰富多彩的自然生态主题课程，让青少年以及家长融入活动，了解我国著名林学家梁希先生，学习与体验林业知识、手工制作等。

### (二) 森林卫士课程

包括消防器材认知、消防演练、紧急救护、森林徒步等森林卫士主题课程，组织学生学习消防器材与使用方法、紧急情况处理等知识。

### (三) 环境保护课程

设计了垃圾分类、叶脉绘画、叶脉书签、趣味运动等环境保护主题课程，让学生学习环境保护知识，从小树立保护环境、节约资源的意识。

### (四) 湖瓷文化课程

开展瓷器认知、器纹拓印、陶艺制作、团队拓展等湖瓷文化主题课程，组织学生学习中华瓷器的历史与陶艺发展等知识，体验陶艺制作。

### (五) 匠心传承课程

开设古法造纸、植物扎染、园艺制作、团队拓展等多样化匠心传承主题课程，让学生感受我国传统文化的博大精深，体验匠心独具的传统工艺。

## 三、设施建设

### (一) 梁希纪念馆

梁希纪念馆位于浙江省湖州市南郊梁希国家森林公园内，是我国唯一一个以纪念梁希先生为主题的人物纪念馆，建筑面积约为4600平方米，于2014年12月28日正式对外开放。

纪念馆建筑形式为融入江南水乡传统建筑符号的现代建筑，外观设计为曲折的平面形式，寓意梁希先生从武备救国到献身林业的人生轨迹。纪念馆以梁希生平事迹的宣传教育、梁希文物资料的征集保护、梁希思想作品的科学研究为主要任务，集收藏、展示、研究、交流和服务等诸多功能于一体，运用详实的资料、艺术构思、高科技手段，反映梁希精神，弘扬生态文化。

梁希纪念馆，不再是中规中矩的传统陈列，而是具有现代设计感的时尚空间，不是整个展板的图文堆砌，而是留有空白的无限遐想。自由穿梭在纪念馆的各个展区，有实物、照片、文稿、视频、艺术品等通过时空交错的方式展现梁希生平和梁希思想，展现中国林业的发展历程；有放映厅循环播放历史纪录片《小陇山考察记》，讲述67岁的梁希老部长考察小陇山时艰难跋涉、呕心沥血，最终为西北人民保存了一片绿色，为黄河保住了一股清流；有运用3D高科技手段模拟鹿妈妈带着小鹿游历祖国的沙漠、黄河、草原、森林，向大家展示自然的和谐与美丽。

学生通过参观纪念馆了解梁希先生的生平事迹，探寻"无山不绿，有水皆清"的传承脉络。

## (二)瓷之源艺术馆

公园内的"瓷之源古陶瓷艺术馆"是湖州古陶瓷学会牵头,由古陶瓷学会副会长沈梦荣先生具体实施的原始青瓷文化研究成果之一。近些年,随着考古发掘,证明古代湖州南郊区域的青瓷在三千余年前就开始烧制,这是全国其他地区窑口所不及的,开辟了青瓷之先河,故称"瓷之源"。

艺术馆总参观面积约 1600 平方米,分上下两层。两百余件珍贵的古代陶瓷器皿,从夏商至宋朝按朝代井然有序的安置在每一个橱窗内,一层展厅展示的是夏、商、周、春秋战国至秦汉时期的原始青瓷。二层展厅展示的是三国、两晋、南北朝至隋唐宋的古青瓷。学生可以在这里追寻历史的痕迹,领略原始青瓷的唯美和远古的灿烂。另外,学生还可以在陶艺制作体验室中体验陶艺制作的乐趣。

## (三)水生花园

位于仁皇山景区东南侧,约有 2000 平方米,利用原有低洼湿地,建成以水生植物为主题的花园,沟通部分水系形成大水面,建有堤岛,并保留了原有水田格局,种植水生花卉。水岸种植各种水生乔灌木和地被,尤以菰草为特色。点缀以少量休息建筑,安排水车、风车等农具,设置供戏水用的乱石滩,形成以"秀"为特征的水生花园。

## (四)仁皇民俗文化区

位于仁皇山景区东部,总建筑面积 7535 平方米,是一处整体氛围热闹非凡的场所,成为山南主要聚集人气的地方。采用街道的形式,安排特色商业。建筑采用传统建筑符号,白墙青瓦,硬山为主,结合店面招牌,形成富于家乡风情的,以乡土餐饮、特色品牌、民俗陈列、民俗表演为主题的商业区。

## (五)青少年拓展园

位于仁皇山景区东侧,是一个让学生兴趣浓厚的拓展园。主要包括游乐园入口广场、儿童游乐园、拓展区、水上乐园等,占地面积约 20 万平方米,是华东地区面积最大的青少年拓展园,可开展的活动有攀岩、野营、制陶、航模比赛等,为广大青少年提供了一个进行野外锻炼,培养勇敢、团结、积极向上精神的场所。

## 四、团队建设

梁希国家森林公园自然课堂,由湖州市自然资源和规划局与湖州市道场乡人民政府共同创办，五木集团队具体执行，团队致力于探索适合国人的自然教育体系，在当前汹涌的城市化浪潮中，重建人与自然的联系。

团队中有来自浙江省自然教育、林业、博物等多个领域的学者专家，与德国、美国、日本、北欧前沿自然教育名师、浙江大学等一流大学相关专业的教授共同组成常设顾问专家组，打造中国自然教育的先锋队。团队成员先后参加国家林业和草原局自然教育人才培训、红十字会急救员培训、AHA美国心脏协会国际急救员培训，持有户外教育师、中小学教师资格证、营地指导员、急救证等证书。

## 五、运营模式

梁希国家森林公园是公益事业单位，免收门票，如果仅依靠公园本身进行自然教育的开展，则具有较大的局限性。公园从实际出发，与当地乡政府合作，联合成立梁希森林公园自然课堂，并引进湖州五木集自然文化传媒公司作为具体执行团队，三方优势互补，克服了公园自然教育人才短缺、经费有限的现实困难，将自然教育做得有声有色。

## 六、特色活动

### (一) 梁希"五木"之旅

"五木"构成"森林"二字，梁希五木分别代表了哪五木？又有怎样的含义呢？孩子们可以通过梁希"五木"之旅活动来找寻答案。

"五木"的由来蕴含了自然教育要以森林为载体，让孩子在自然环境中进行一系列"有计划、有设计、有主题、有目的、有收获"的户外活动的深意。梁希"五木"分别是香樟、二球悬铃木、金钱松、湿地松、落羽杉，它们分别象征着才华横溢、有容乃大、浩然正气、勇往直前、刚柔并济。

香樟作为一种常见植物，几乎随处都能看见它的踪影，同时是一种很好的香料。同学们通过揉搓树叶，闻它的独特气味，感受香樟的魅力。二球悬铃木的四周铺满了落叶，当微风轻轻拂过，落叶飘然直下的样子，甚是美丽浪漫。金钱松树干挺拔通直，树冠宽大优美，树姿端庄秀丽，松叶呈线形，扁平而柔软，在短枝上簇生，辐射平展成圆盘状，是我国特优树种。湿地松比马尾松更适合在南方种植，比火炬松更耐瘠薄，在木材顺纹抗压强度、抗压弹性、抗弯强度等方面都更胜一筹。秋天的落羽杉充满了梦幻色彩，就像用浓重的油彩画出的童话世界（见图4-9）。

第四章 案例分析

图4-9 "五木"形态

在森林公园里,学生通过去看、去摸、去感受,唤醒内在的良好品质;通过学习"五木"的精神含义,来感受大自然馈赠的魅力;走进博物馆,感受自然与生活的息息相关;体验制作树叶标本,丰富学生们的课外知识。通过这个活动,引导孩子融入自然、放松心情、开阔视野、陶冶情操,传承"五木"精神(见图4-10)。

图4-10 "五木"之旅

## (二)走进自然,寻找种子

在大自然中,植物为了繁衍后代进化出各种各样的种子,让学生分成小组融入自然,通过寻找种子、了解种子的用途、体验种子标本制作等,探寻种子的秘密,解开种子的密码。从而激发学生热爱大自然的情感,通过团队合作培养团结精神,自强自立的良好品质,增强班级凝聚力,促进提升学生的综合素养(见图4-11)。

图4-11 寻找种子

## (三)农作乐趣

现代社会中,孩子们认识电子产品中的APP,远远多于认识自然界的花草树木,对身边常见的大树小草既不知名,也不知道他们背后的故事……儿童与大自然的割裂,正在让孩子失去亲近大自然的机会。

大自然是孩子们最广阔的教室,它万千的包容性赋予了孩子们取之不尽的资源。现在的孩子成长在幸福的时代,没饿过肚子,甚至将挑食和浪费变成了一种习惯。正是如此,他们更需要知道食物从哪儿来,学会珍惜,学会知足。农作乐趣正是基于这样的目标设计的。

(1)争夺蘑菇趣味赛

在露天草坪,孩子们与自己的父母进行趣味赛,通过趣味竞技,闯过重重关卡,获得属于自己的蘑菇地。活动既可以锻炼孩子们的体能,挑战意志力,也可以增进家长与孩子之间的感情。

（2）蘑菇初成长

草木无言，生命不息，导师带领孩子们了解蘑菇的生长习性和种植过程，培养孩子们的洞察力。

（3）蘑菇大家庭

认领蘑菇地的家庭，在认领牌上写上明年想要实现的愿望，让这些心愿随着蘑菇一同成长。通过活动培养孩子们独立思考、耐心探索的品质。

(四) 小小蘑菇种植师

在蘑菇园里，家长和孩子们共同体验农作（整地、培土、种植、浇水）。让孩子动手，增加孩子的实践能力。通过参与活动认识土地、食物与自然间的微妙联系，懂得感恩食物是对身心的滋养（见图4-12）。

图 4-12　采蘑菇的小姑娘

(五) 草木扎染

同学们通过感受草木扎染艺术，了解染料从何演变而来，传承古法草木染扎技艺，创新现代扎染艺术。在领略非遗技艺之美的同时，感受岁月沉淀下的百年技艺，使非物质遗产得到传承。

(六) 陶瓷魅力

组织学生参观"瓷之源古陶瓷艺术馆"，学习中华瓷器的历史与陶艺发展等知识，开展瓷器认知、器纹拓印、陶艺制作等活动，感受陶瓷的魅力，体验陶艺，传承传统艺术与文化（见图4-13）。

**图 4-13 草木扎染**

(本节图片由湖州市梁希森林公园管理处提供)

## 第三节 体验类(淳安县林业总场)

淳安县林业总场(以下简称总场)以森林康养研学基地为突破口,大力发展自然教育,设置了生态之旅、人文之旅、红色之旅和活力之旅系列课程,建有金山鱼湾放流基地、姥山岛研学营地、水下古城文化科技主题乐园等自然教育设施,目前总场已逐步形成布点成网的森林旅游产业,自然教育蓬勃发展。

### 一、概况

淳安县林业总场位于淳安县千岛湖镇,为浙江省100个国有林场中面积最大的国有林场,实行企业化管理,下辖16个分场。总场管理着千岛湖56万亩山林和80万亩水域,经营着浙江省最大的森林公园——千岛湖国家森林公园,曾荣获全国工人先锋号、浙江省国有林场改革工作先进集体、浙江省国有林场建设突出贡献集体、浙江省现代国有林场等荣誉称号，被中国林场协会授予2018年度"全国十佳林场"荣誉称号。

总场立足森林资源优势，积极进行产业转型，致力打造"绿色宝库、森林旅游、活力企业、乐业新地"四大品牌建设，创新发展思路，转变经营模式，以森林收益反哺生态建设。坚持生态保护优先，变"砍树"为"看树"。除必要的林相改造和公益设施建设外，还禁止采伐林木。每年投入1500万元开展林相改造、森林彩化、珍贵树种造林等工作。

围绕发展森林旅游经济，有效地推进林场特色项目建设。抢抓产业发展机遇，变"守业"为"创业"。培育森林旅游品牌，开发驿站、民宿等特色项目10余个，承接秀水广场等10多个精品绿化工程，打响千岛湖有机鱼品牌，探索林木认养松竹文化之旅等产业。

总场以森林康养研学基地为突破口，大力发展自然教育。2017年建成省内最大的鱼类放生基地——金山鱼湾渔业研学基地，至今已接待游客1.8万人，承接了全国放鱼日、首届农丰节及各类增殖放流活动300多次。姥山林场松竹文化研学基地，2018年至今已接待游客3万人次，带动康养旅游收入800余万元。目前总场已逐步形成布点成网的森林旅游产业，自然教育蓬勃发展。

## 二、课程设置

千岛湖的自然教育主要以研学之旅模式展开，包含生态之旅、人文之旅、红色之旅和活力之旅系列课程，让参与者充分感受林水鱼相生的地域文化魅力。

(一)生态之旅

"以鱼养水""以鱼护水"的保水渔业课程独树一帜，被列入中央党校、清华大学和浙江大学教学案例。以"我在千岛湖有条鱼"——生态环保为主题，包括鱼类及增殖放流科普、千岛湖水环境现状介绍、生物净化水资源实验成果展示、体验增殖放流活动等。同学们将学习鱼的知识，了解放流活动对千岛湖水生态保护的作用，感悟"放鱼治水"对生态环境的重要意义，并亲身参与"同护一湖秀水"的环保行动。用"你所不知道的水课堂"，带你了解水源保护故事；很高兴"鱼"见你，带你打开千岛湖水生生物的绚丽水世界；"携手护源"，参与社区调研，守护水源；"跟着河长去巡河"，实地识别水源保护问题；"争当互源卫士"，参与生态沟修复；入住"千岛湖水基金志愿者基地"或"千岛湖水基金环保之家"，体验民宿如何被注入"环保能量"。

(二)人文之旅

在小狮子游乐园、滨山书院国学课堂、"虫语者"基地、新安书屋等开设的人文类课程,通过整合当地丰富的历史文化资源,体验淳安悠久的历史文化、民俗文化、建筑文化、非遗文化等,丰富学生知识、开阔视野,树立正确的文化观念,提升人文修养;在石川坞研学基地,有羊场一处,开设了跪乳之孝、赶羊运动等课程;《水之灵》演艺中心非遗民俗研学基地以淳安非遗民俗为主题,开发了一系列研学课程,包括国家级非遗项目竹马表演体验、里商仁灯制作体验、《水之灵》历史文化表演体验等。

### (三) 红色之旅

在淳安县枫树岭镇,有一个梦开始的地方,就是红色教育基地—下姜村。下姜村是习近平新时代"三农"思想特别是精准扶贫思想的探索地,是习近平新时代中国特色社会主义思想特别是乡村振兴战略思想的实践地,在各属领导的关心关怀下,下姜村从昔日出名的贫困村嬗变为浙江省"美丽乡村"。以红色文化为基础开设了"梦开始的地方"课程,引导受教者做"中国梦""红色的梦""下姜人的梦""游客的梦"。讲好下姜村的梦故事,让每一个人都能在下姜村找到属于自己的梦,让梦出发。

"红色茶山"位于中洲镇厦山村。这里生态环境绝佳、人文底蕴深厚、红色资源更是丰富,拥有保存完好的"茶山会议"旧址、投资 6000 余万元的中国工农红军北上抗日先遣队纪念馆、方志敏同志住所和千年徽开(茶山)古道等旅游资源,开设红色摄影、红色体验等课程,使受教者体悟革命先辈们的红色精神品质。

### (四) 活力之旅

在千岛湖马小奇驿站(渡文化自然课堂),学生们在这里可以体验船艇建造、生态野营、森林问诊、星空认知、古道探秘、定向越野、自然观察、自然平衡、农耕体验、徒步侦察等系列课程,开展自然生态保育、传统文化传承、创新多元文化交流等研学旅行活动。

千岛湖游美国际营地在充分利用自身在营地、师资、运营和接待能力的优势积累基础上,与北青研学建立战略合作,优势互补,积极开拓和丰富国内外夏校、海外游学和国内研学旅行的业务与课程。

## 三、设施建设

林场着力补齐软硬件短板,完备现代康养林场基础设施,强化自然教育功能。以"景区化"林场为建设目标,5 年来累计投入 8000 余万元,完成 5 个分场新场部建设、2 万平方米危旧房改造、16 个分场整治工程,逐步改善了林区道路、供水供电、通信、监控等设施,升级了食宿、运动等设施。开展了总场综合楼建设,配套建设智慧管理系统,建设集电子监控、信息中转等为一体的信息化管理平台。推进智慧林场建设,完善分场、林区、景点远程监控系统,大幅提升了林场开展自然教育的场地设施条件。

目前,淳安县林业总场建有金山鱼湾放流基地、姥山岛研学营地、水下古城文化科技主题乐园等自然教育设施。

(一)金山鱼湾放流基地

金山鱼湾放流基地2017年6月6日正式启用,是目前浙江省内最大的专业放流基地,也是淳安渔旅融合的重要项目之一。主要包括823平方米的增殖放流养殖网箱(筏架)、循环水量50立方米/小时的放流槽、5个自带充氧和水循环系统的玻璃鱼缸、240平方米的浮桥码头、300米长的鱼苗运输车道和游步道,以及供水管网和供电电缆安装铺设等。

(二)姥山岛研学营地

姥山森林体验岛四面环水,山地植被覆盖率达90%,有"十里姥山十里景"之说,岛上有茂林修竹,有柑橘满园,有茗茶飘香,适合开展运动、养生、科普等各类森林体验旅游项目。

姥山岛研学营地配套有6人间及8人间高低铺床位96个,每个房间配有独立卫生间,并设置厨房餐厅、活动室、公共厕所、公共浴室等,为参加研学活动的孩子提供食宿(见图4-14)。

图4-14 参观瓷之源古陶瓷艺术馆

(三)水下古城文化科技主题乐园

1. 梦幻水下古城

一站体验巨幕、环幕,是以千岛湖水下的两座千年古城为核心IP,利用高科技7D电影特效技术和超大MAX巨幕,打造冲刺、旋转、震动、摇摆等多维度沉浸体验，揭开了千岛水下古城神秘的面纱。

2. VR 虚拟现实体验馆

体验馆内有十几个具有千岛湖特色、与千岛湖风景文化紧密结合的 VR 虚拟现实高科技互动项目，另外还有神舟登月、军事跳伞演习等科普类体验项目。

## 四、团队建设

淳安县林业总场通过以下几种途径建设自然教育团队。积极参加全国研学旅行指导师培训和认证，并通过学习考察、参与研学旅行，从导游协会中挖掘培育研学旅行指导教师；参与县政府组织的县内外研学服务，与本土教育、非遗人才签约合作，开展本土人才转型升级培训；通过高薪聘请、挂职锻炼等形式引进研学行业带头人；提供智力支持，积极引进专业研学旅行企业和团队。

## 五、运营模式

淳安县林业总场为企业性质国有林场，与杭州千岛湖国家森林公园旅游发展有限公司开展密切合作，该公司为淳安县新安江生态开发集团全资子公司。企业化运营由市场调控，竞争激烈，打破了公益事业单位干多干少、干好干坏一个样的"大锅饭"现象，有利于激发企业活力与员工积极性，促进林场自然教育的可持续发展。

## 六、特色活动

(一) 金山鱼湾生态放流

一方水土养一方人，优质的水资源让千岛湖的鱼名扬千里，千岛湖也因此拥有了独特的鱼文化，金山鱼湾生态放流活动成为总场独具一格的自然教育项目。

金山鱼湾生态放流以生态环保为主题，让孩子们学习鱼的知识，了解放流活动对千岛湖水生态保护的作用。放流的时候，通过亲手捧着鱼儿放回千岛湖，亲眼看着鱼儿欢快地游入湖中，让孩子们和鱼儿亲密接触，切身感悟"放鱼治水"的快乐与成就感（见图4-15）。

(二) 姥山岛荒岛生存

姥山岛位于千岛湖东南湖区，面积约13000余亩，是湖区最大岛屿之一，岛屿形似琵琶，长约5千米，俗称"十里姥山"。姥山森林体验岛四面环水，静水港湾多，岛屿环境感极强，山地植被覆盖率达90%，有"十里姥山十里景"之说，

**图 4-15　姥山岛研学活动**

岛上茂林修竹、柑橘满园、茗茶飘香，适合开展运动、养生、科普等各类森林体验旅游项目。

姥山岛的荒岛生存夏令营，让孩子们真正走进自然，听蛙听露听森林，感受古远湖岛天籁，享受最原生态的森林体验，掌握各种生存技能，让孩子们通过自然教育成长起来，提高独立生活能力和不怕困难的勇敢品质(见图4-16)。

**图 4-16　金山鱼湾生态放流**

(本节图片由杭州千岛湖国家森林公园旅游发展有限公司提供)

(三) 千岛湖大峡谷徒步之旅

千岛湖大峡谷位于浙江省淳安县大墅镇境内，峡谷总长30多千米，东南至西北走向，由上坊峡谷和洞溪峡谷组成，2013年被命名为千岛湖第一大峡谷。

徒步之旅是结合千岛湖独特的生态环境打造的生态研学活动，让同学们边走边学，在山林里实地辨别、观察各类动植物，感受清澈甘甜的山泉水、体味峡谷风貌，在研学实践中感悟书中知识，真正体验"读万卷书，不如行万里路"的真谛。

## 第四节　科普类（中国林科院亚林所庙山坞试验林场）

中国林科院亚林所庙山坞试验林场依托亚林自然教育学校（基地）开展科普类自然教育活动。基地利用亚林所雄厚的科研与人才队伍优势、庙山坞试验林场丰富多样的自然资源，以自然为教材、以森林为课堂，开设了生物大世界、森林实验室、生活小工匠和未来科学家4大模块课程，让学生体会自然的神秘与曼妙，感知科技与艺术的魅力和趣味，促进人与自然的和谐共生，培养劳动和科学精神。

### 一、基地概况

中国林业科学研究院亚热带林业研究所（以下简称亚林所）是面向我国亚热带地区，融科学研究、科技推广等功能为一体的综合性林业科研机构，以应用基础和应用研究为主，研究领域涵盖森林资源培育、林木遗传育种、森林生态与环境保护、城市林业与观赏园艺、林业生物工程5大学科18个研究方向。2001年8月，经国家林草局批准建立"浙江庙山坞自然保护区"，保护区以亚热带林木种质资源及其生境为重点保护对象，以更好地开展亚热带林业科学研究和生态环境建设。为更好保护与开发庙山坞林场自然资源，1994年4月，浙江省林业厅以庙山坞和竹门坞景观为主体，批准成立浙江省黄公望森林公园。庙山坞自然保护区总面积12000亩，收集保存林木种质资源6000余份。

2019年11月，全国自然教育总校授予林场成立亚林自然教育学校（或基地，以下简称基地），2020年2月，基地被评为杭州市富阳区"新劳动实践基地"。庙山坞试验林场以基地为平台开展自然教育活动，为公众提供了一个亲近、接触、聆听、感受自然和与自然产生情感的机会，从而普及科学知识、弘扬科学精神，提高国民科学素质，引导公众参与生态环保事业，促进"人与自然和谐相处"。

基地自成立以来，开展大众科普一百余万人次，仅面向富阳区中小学生、小记者团、青少年宫等开展科普课程就累计80余批次共万余人，获得了社会各界的广泛关注。中国绿色时报、浙江卫视、富阳日报等媒体进行了多次报道，现已成为杭州市富阳区青少年科普活动和新劳动教育的重要基地。

### 二、课程设置

基地利用亚林所雄厚的科研与人才队伍优势、庙山坞试验林场丰富多样的自然资源，以自然为教材、以森林为课堂，开设了昆虫、菌菇、植物、鸟类、两栖动物以及森林保护等多学科的自然科普课程。课程注重理论与实践相结合、科研和科普相促进，带领学生在森林实验室中，通过沉浸式体验、探究式学习体会自然的神秘与曼妙，感知科技与艺术的魅力和趣味，促进人与自然的和谐共生，培养劳动和科学精神。

基地课程分为生物大世界、森林实验室、生活小工匠和未来科学家4个模块，让学生认识自然、发现趣味、融入生活并树立信念。具体课程有森林生态、认知昆虫、走进微生物、天空精灵、植物组织培养、小小森林消防员、多彩菌菇、庭院景观小工匠、园艺创作和植物新品种等。课程优势与亮点主要有：

（一）走进森林感受大自然的神奇

多元化形式将科学、探索、艺术融入自然教育中，解读大自然的奇妙，培养学生探索精神。

（二）沉浸式的自然实践课程

通过理论、实地考察、科研科普相结合的课程设计，让学生体验科学研究的艰苦性、参与性和趣味性，主动发现问题、探究问题、解决问题，培养面对困难的解决能力和挑战自我的勇气。

（三）自然笔记

在团队协作中，给学生提供更多表达与展示自我的机会，使其掌握昆虫、植物和大型真菌等生物的基本结构与特征，在合作和探索中快乐，在思考和反省中成长，获得真实的体验和成就感。

（四）全方位提升

学生在探索中收获快乐，在思考和反省中成长，在劳动中接受教育，培养自立、自强、自信、自理等综合素养，同时树立尊重自然、顺应自然、保护自然的生态文明理念。

## 三、设施建设

庙山坞试验林场（以下简称林场）建有木兰园、茶花品种园、竹种园及毛竹丰产林、实生毛竹试验林、国外松引种林、杉木基因库、马尾松种源林、油茶良种园、珍稀优良树种资源收集圃等种质资源基因库1437亩、树木园469亩、试验及示范林1638亩，集资源保护、科学试验示范、科普教育基地、自然和文化景观内涵等于一体。

2019年7月，林场在森林体验馆的基础上改建昆虫主题馆，面积400平方米，内有昆虫标本、生存环境等展示，还有部分养殖的昆虫活体供学生们观赏昆虫的生活场景；开辟30亩毛竹林建设林下经济菌菇基地，开设竹荪、灵芝、大球盖菇、黑皮鸡枞等食、药用菌栽培实践课程；建立虎山基地，开设园艺创作和植物新品种等课程；三桥基地开设庭院景观小工匠等课程。

## 四、团队建设

亚林所结构合理、学术水平较高的科研队伍为基地的自然教育提供了强有力的技术支撑，同时林场目前有5名技术人员负责自然教育日常建设与管理等工作。

亚林所现有在职员工169人，其中高级职称84人、中级职称62人；具有博士学位人员85人、硕士学位人员37人；国家和省部级有突出贡献中青年专家3人，国家优青项目获得者1人，享受国务院特殊津贴20人。

亚林所目前设有天然林生态、林木遗传育种与培育、森林健康与保护等14个研究组和3个青年创新小组。中国林学会竹子分会、中国林学会林业情报专业委员会华东区科技信息委员会挂靠本所。

## 五、运营模式

庙山坞试验林场依托亚林所雄厚的科研力量，成立亚林自然教育学校（基地），以"研究组+基地+课程"的模式开展自然教育管理与运营。亚林所出资建设基本设施；部分团队与成员将科学研究与自然教学有机结合，科研经费资助自然教育；林场成立了黄公望森林公园有限公司，使自然教育的经费收支比较灵活。在这样的运营模式下，庙山坞试验林场自然教育做得有声有色。

## 六、特色活动

### （一）小昆虫大世界

围绕昆虫主题馆参观学习、基础知识讲座、显微镜观察昆虫构造等几个环节开启昆虫探索之旅；带领学生走进森林，开展林内昆虫踏查、学习捕捉技巧、昆虫鉴定；观察林间昆虫种类、取食行为、分布特点，布置地表昆虫诱集装置；学习昆虫饲养方法、标本制作、甲虫工艺品制作，并悉心地做自然笔记，使学生们真正走近昆虫、认识昆虫、体验昆虫。

通过该课程的开展，提升中小学生对昆虫及生物多样性的认知水平，普及昆虫饲养及鉴赏等知识，提高学生对科学知识的兴趣，激发学生贴近自然、融入自然与保护森林的热情。2019年9月下旬以来，小昆虫大世界课程已开展60余批次，接待富阳区中小学生4800余人次，社会反响良好（见图4-17）。

图4-17 小昆虫大世界活动

(二) 多彩菌菇

由"菌菇讲座+基地参观+野生菌采集制作"三个环节组成。菌菇讲座，老师以生动浅显的语言、真实有趣的小故事和野外采摘经历，与学生们分享"食、药用真菌""毒蘑菇的识别"以及"菌菇文化"等相关知识；实地参观灵芝仿生栽培示范基地，讲解灵芝栽培技术、营养价值和林下经济创新栽培模式；野外菌菇采集与标本制作，带领学生们从大型真菌角度理解生命特征和生物多样性，从菌菇和植物的相互关系拓展到整个生态平衡、物种的保护和人与自然的关系。

多彩菌菇活动，使学生们经历了神秘菌菇的别样世界，在这种独特的体验式学习过程中，传递了科学探索的精神，体验了科学的魅力，启迪了学生们探索大自然的奥秘，并在学生心中播下了热爱自然的种子（见图4-18）。

图 4-18　多彩菌菇活动

(三) 庭院小工匠

庭院深深,看堂前花开花落;斗转星移,望檐上云卷云舒。一砖一瓦、一草一木,是匠人巧夺天工的工艺和艺人别出心裁的巧思。在"庭院小工匠"课程中,老师带领学生们学习、实践别墅庭院园林设计、景观施工和植物配置,砌砖添瓦、栽花种草,漫步舒适宜居的理想庭院,感受最自然的气息,乐享安宁的家园。从小培养学生精益求精的大国工匠精神(见图 4-19)。

(四) 植物组织工厂

《西游记》里孙悟空拔出一根毫毛就能变出千万个和自己一样的"孙大圣"。如今,植物超级工厂将这一场景从神话变成了现实,克隆技术能从一棵树"变"出成千上万棵树。了解基因工程技术、参观植物超级工厂、制作培养基并在超净工作台接种,全过程体验优质、速生植物新种质的组织培育技术,使学生们在体验与感叹现代科技神奇的同时,培养科学兴趣、树立勇攀高峰的科学精神(见图 4-20)。

第四章 案例分析

图 4-19 庭院小工匠活动

图 4-20 植物组织工厂活动

(本节图片由中国林业科学研究院亚热带林业研究所提供)

79

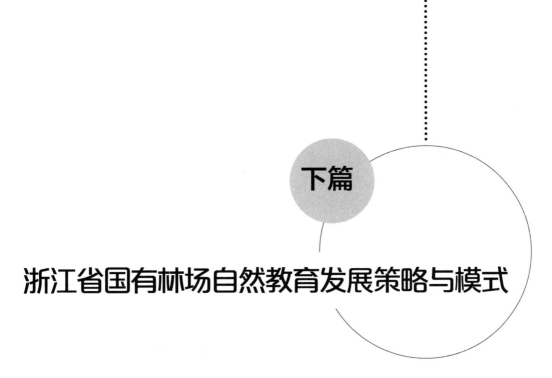

下篇

# 浙江省国有林场自然教育发展策略与模式

# 第五章 发展策略

## 第一节 目标与原则

浙江省国有林场开展自然教育要实现社会、生态与经济效益"三效合一"的目标,倡导生态环境保护的可持续原则;彰显环境特色历史文脉的地域性原则;满足不同人群所需的全年龄段原则;强调互动实践的体验性原则;合理利用林场设施及人员原则。

### 一、浙江省国有林场开展自然教育的目标

(一)社会效益

国有林场开展自然教育能够预防"自然缺失症"。少年强则中国强,自然教育的重要对象是儿童和青少年,生态心理学认为与自然联结的关键阶段是儿童和青少年时期,如果缺乏联结,可能会造成"自然缺失症"。因此自然教育目标特别指出,要顺应儿童和青少年的发展天性,用自然教育手段让儿童和青少年在森林中直接感知自然、体验森林和感受森林文化,以此与自然、家人、朋友和陌生人等建立良好的关系,促进儿童和青少年自然智能发展。

国有林场开展自然教育能够满足人们对自然的需要。随着我国国民经济的持续快速发展,城市化进程逐步加快,人们的生活水平显著提高,远离喧闹的城市、回归静谧的大自然已成为越来越多人的选择。

国有林场开展自然教育能够为生态科普宣传、科研教学提供良好的场所。国有林场丰富的自然资源为人们认识自然、探索自然提供了基础,开展自然教育加强了动植物保护的宣传,也让国有林场成为科研教学的良好基地。同时,建设自然教育基地也改善了林场工作人员的工作环境。

(二)生态效益

国有林场开展自然教育能够让参与者近距离接触自然、了解自然、享受自

然，通过生态体验和生态实践，增强参与者生态认同和保护自然的意识。随着国有林场自然教育的开展，还能够提升周边居民的生态保护意识，壮大保护国有林场自然资源的社会力量。

加强自然教育是提高公众生态意识、实现可持续发展、建设和谐社会的有效途径。随着人口的剧增与科技的发展，破坏环境与过度利用自然资源的现象比比皆是，加之人们获得生态保护知识的渠道有限且被动，致使大多数人不能充分了解自然环境日益恶化的现状，很多人对生态保护的认识还停留在可有可无阶段，从而出现了生态破坏加剧、威胁人类发展和人们生态保护不力的客观矛盾。通过自然教育，提高人们的生态意识，树立保护环境、节约资源的理念，为生态文明建设做出贡献。

(三) 经济效益

国有林场开展自然教育能够带动周边经济发展。随着基地建设的逐步完善、宣传力度的加大、品牌的建立，可以进一步提高国有林场的知名度，使慕名而来的参与者越来越多，从而带动周边餐饮、住宿、购物等配套设施的建设和运营，为当地创造更多的就业机会。

国有林场开展自然教育能够助力乡村振兴。开展"基地+农户""基地+乡村"等自然教育模式，充分释放乡村的美丽，品尝农家饭菜、进果园采摘果子、看原始乡村美景、感受当地人文风俗，吸引更多的城市人到农村游玩，从而带动农村经济和周边社区的发展。

## 二、浙江省国有林场开展自然教育遵循的原则

(一) 倡导生态环境保护的可持续原则

自然教育的目标是通过在自然中学习体验关于自然的规律和知识，引导和培养人们认识自然、尊重自然、顺应和保护自然的生态观。在自然教育基地的营建过程中，需要避免大规模的开发与建设，如砍伐原生林、破坏山体等。尽量利用原有场地现状，在尊重自然的前提下合理开展自然教育实践。充分考虑生态环境可持续发展的需要，合理增植、补植树木，减少水土流失，改善生态环境。

在严格遵守生态环境保护法律法规的基础上，适当推动自然资源的合理利用，在保护生态环境、生态功能的前提下，综合发挥旅游、康养、自然教育等经济与社会功能。

## (二)彰显环境特色历史文脉的地域性原则

自然环境也有自己发展的历史,除了生态环境的发展史,还有场地特色,例如,名字的由来、历史传说、历史遗迹、诗歌传颂等具有当地特色的地域性文化。通过对场地特色文脉的挖掘,可以从整体上确定森林自然教育基地的定位与目标,在细节上还原、再现历史典故、诗歌出处或地方特色的自然教育活动场地,普及特色地域文化,从历史文脉延续、文化传播的角度开展自然教育实践活动。

## (三)满足不同人群所需的全年龄段原则

自然教育基地的构建还需要考虑不同年龄段的人群需求。自然教育的对象包括学龄前幼儿、儿童、青少年、成年人、老年人等,他们均是开展自然教育的目标群体。基地需要针对不同年龄阶段主要人群的特点,开展不同教学目标的自然教育实践活动,从而使不同年龄段的参与者各取所需,让他们均能有所收获与感悟,从而全面地实现自然教育的目标,倡导全社会都来保护环境。

## (四)强调互动实践的体验性原则

在自然教育基地的营建过程中,应利用各感官感知特点,充分发挥参与者在互动、实践中体验的良好学习作用。通过规划设计组合相应景观要素,营造景观意境与氛围,引导参与者主动参与自然教育实践活动。设计趣味性、互动性较强的景观空间,开展森林环境观察、户外探险等各类体验性活动。经过参与者互动、实践与体验,形成对森林自然环境更科学的自然观,实现亲近自然、热爱自然、保护自然的良性循环。

## (五)合理利用林场设施及人员原则

国有林场本身就拥有广阔的场地、丰富的自然资源、基本的工作与生活建筑与设施,还有一批懂林、爱林、护林的林场员工,为自然教育奠定了坚实的基础。在自然教育基地的构建上,要综合考虑整体布局,合理利用林场原有设施。在人员上要充分发挥林场原有员工的优势,开展相应的培训。在此基础上,再根据自然教育课程开设与活动开展需要,增添设施与引进人才,从而实现自然教育目标。

## 第二节 技术路线

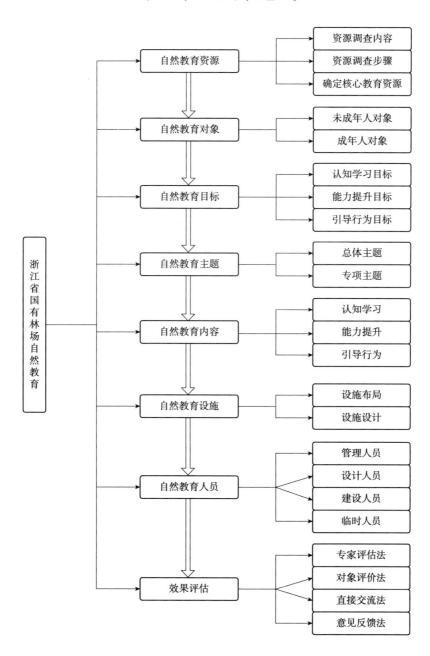

## 第三节 人才架构

国有林场应经过资源知识、解说技巧等培训，培养熟悉自然、社会与人，且具有主观能动性的人才，通过他们与教育对象面对面地交流互动，动态地传递自然教育信息。而目前自然教育专业人员紧缺，存在课程单一、缺乏系统性、实施效果不佳等诸多问题。了解人才架构要求，做好人力资源的整合和培训对提升自然教育水平是非常关键的。自然教育机构需要的人才可分为管理人员、设计人员、自然解说员和志愿服务者4类。

### 一、管理人员

自然教育管理人员应具备基本的行政能力和经营管理能力，包括较高的品质、知识、能力和心理素质，较强的组织、交际、表达、应变、创新、分析判断和用人能力。

同时，管理人员应具备以下专业素质：了解自然教育的理念和内涵，熟悉相关法律法规；能对自然教育进行总体的策略规划；能提出和落实全方位的解说服务系统规划；能执行和解说相关研究计划；能有效地评估解说方案的内容和成效，并对不足之处提出修正与改善；能做好设计人员、自然解说人员与志愿服务者的招募、管理和培训，并能分享与传承自然教育经验；能广泛地发展伙伴关系，包括传播媒体、学者专家、咨询顾问、国际组织等伙伴；能做好市场宣传和营销，建立和维护好客户网络；具备处理突发状况的应急能力。

### 二、设计人员

设计人员问题已成为制约自然教育发展的一大瓶颈，主要表现为数量不足、专业不强、标准不一。设计人员的专业发展是目前自然教育领域面临的重要挑战。调研结果表明，浙江省国有林场目前从事自然教育的人员以志愿者为主，专职人员偏少，而且存在老龄化与学历偏低问题。自然教育主要依赖于方案、课程与活动的专业设计，然而当前很多从业者并非专业出身。

自然教育并不是简单的观察花草树木、鱼虫鸟兽，而是一种有秩序的教育行为，有系统的理论和方法。同时自然教育涉及的领域很多，包括教育、户外、旅游、环保、农学、林学等，因而对从业人员有较高的要求。通过对自然教育的内涵、目标、课程体系的分析，得出设计人员应具备教育技术、户外知识和技能以及专业技术3个层次的能力。

## (一)教育技术

自然教育是教育的一种,因此设计人员应具备教育学、教育心理学的基本理论,了解教育规律和方法,保证课程的设计和实施有明确的目标、符合教育规律。

## (二)户外知识和技能

自然教育课程很大比例在户外实施,因此设计者需要具备一定的风险防控意识、户外组织能力以及野外生存技能。

## (三)专业技术

自然教育涉及的学科范围极为庞杂,如植物识别与栽培类、动物识别与养殖类、生态保护类、地质科学类、地理类、美术创作类、摄影技术类等。某一门课程或活动的设计,往往需要多种学科知识,因此设计人员应该具备跨学科学习的能力,通过培训和自学,掌握多种学科知识。而对于开展自然教育的国有林场来说,在人才配备上应全面覆盖自然教育需要的所有专业类别。从长远来看,高校应设置自然教育类的专业,为自然教育的发展培养专门技术人才。

自然教育设计人员除了应具有广博的专业知识和技能外,还应具备丰富的阅历、敏锐的洞察力、持续的创新力。

针对自然教育的具体工作来说,设计人员应具备以下专业素质:能规划设计有意义的自然教育课程或活动,使教育对象获得最佳的自然体验;能为教育对象规划生动有趣且具有创意的自然教育媒介与设施,以激发教育对象对自然的兴趣;能有效地撰写解说牌、解说出版物、解说折页、解说手册、自导式步道等媒介内容;能根据教育对象的回馈与建议,针对解说服务的成效进行自我评估。

## 三、自然解说员

自然解说员是联结自然与公众之间的桥梁,以有趣的方式讲解和传递自然的精彩与奥秘,引导公众亲近自然、了解自然,从而萌发保护自然的意识和行动。

### (一)自然解说员的专业素质

自然解说员应能了解教育对象的动机与目的,以判断不同教育对象的需求、期望及特征;能自信地展现与教育对象在肢体动作、口语表达及沟通协调上的能力,并能实时响应教育对象的需求与问题;能运用适当的解说技巧引领教育对象进行体验活动;能透过解说服务加深自然资源与教育对象在生活上的联结,并使教育对象产生共鸣；能运用适当的知识、情感、资源、素材、媒介与设施等进行解说；能坚持价值理念，提供给教育对象适度与适量的环境保护信息（如环境伦理、生态保育、自然保护）；在面对教育对象突发状况时，具备随机应变与危机处理的能力；能全面了解自然资源的价值、意义与重要性，及其所面临的威胁、压力与冲击。

### (二) 自然解说员的功能

解说员的最主要功能就是为游客提供解说服务，好的解说服务应该为游客架起一座桥梁，让他们更好地理解所参访地区的独特价值和存在意义。在植物园、动物园、森林公园、湿地公园这类场所的解说人员一般被称为自然解说员，不同于一般旅游景点的讲解员。

深圳红树林湿地保护基金会曾公布自然讲说员需要满足以下5个条件：

(1) 不只是解说员，更是自然之美的诠释者；

(2) 不仅用语言，更用游戏带领更多人走向自然的怀抱；

(3) 与人们一起学习自然，体会生命的伟大；

(4) 引导参与者体验大自然带来的心灵感受，为其揭示生命的内在联系，领悟人与自然之间紧密的联系；

(5) 是自然的代言人，是保护自然的倡导者、行动者、引领者。

### (三) 自然解说员培训

#### 1. 培训的作用

人们从事某种职业，必须具备该职业所需的基本知识、技能，而这种知识和技能并不是人与生俱来的，也不可能从普通教育中汲取，只能通过职业培训才能够获得。尤其是对于自然解说员这一相对新兴的职业，培训是不可或缺的。自然解说员培训的作用主要体现在以下3个方面：

(1) 培训能够培养熟练的自然解说员，满足国有林场自然教育发展的需要

在自然教育行业的发展过程中，随着自然教育市场的逐渐成熟，需要越来越多的自然解说员，现有的自然解说员也需要更新知识结构，提高职业技能，以适应参与者的需要。培训的实施可以满足国有林场对于熟练自然解说员的需要，保证自然教育顺利进行。

(2) 培训有利于提高自然解说员的文化技术水平，从而提高自然教育从业人员的素质

由于自然教育是新兴行业，存在从业门槛低的特点，很大程度上解决了就业问题，但是许多自然教育从业人员文化水平偏低，一定程度上也阻碍了自然教育

的发展。尤其是国有林场自然教育中需要高水平的自然解说员引导参与者进行自然教育活动，而培训可以提高现有自然解说员的文化技术水平，有利于自然教育行业的持续发展。

（3）培训可以为国有林场自然教育的进一步发展储备人力资源

培训有利于更好地开发和利用现有的人力资源，提高员工素质，确保国有林场在发展中运用新理念、新设备，发挥最大效益。

2. 培训的特点

国有林场自然解说员培训既不同于学校普通教育，又不同于其他行业的培训，与其他类型景区的解说员培训也有差异性。国有林场自然解说员培训的特点主要有以下 3 点：

（1）在职性

国有林场自然解说员有林场的本职工作，接受培训受到多种因素影响和制约。在职性要求他们需以本职工作为主，学习必须服从于工作，因此需要结合这一特点有针对性地选择培训内容和方法。比如课程的设置要强调应用，不能脱离实际工作；培训时间、学制不宜太长；学习的方式和方法要灵活多样等。

（2）成人性

自然解说员是成人。首先，他们具有较强的理解和判断能力，知识面较广，容易结合工作经验触类旁通；其次，学习目的明确，选择性强，他们不希望仅仅是空泛的谈理论，而是期望培训后对个人工作和发展有帮助；最后，学习相对独立，自尊心强，渴望个体得到尊重。因此，培训要注意唤起他们的自主意识，强化其自主学习的观念，并创造一种轻松友好的学习氛围，以增强培训效果。

（3）定向性

首先是培训目标定向性。自然解说员的培训不同于一般教育要求的面面俱到、建立全方位的课程体系，而是根据职业培训目标和岗位要求而进行的针对性教育和训练，强调干什么学什么、缺什么补什么，所以学习目的明确，培训内容针对性强。其次是培训课程的定向性。由于解说员的培训是为了提高专业技能和获得必需的专业知识，因而培训的课程都具有针对性，理论联系实际是其突出特点。

3. 培训的内容

（1）职业道德的培训

职业道德是行业的道德标准和行为规范。自然解说员职业道德培训的首要任务是加强解说员对本职工作的道德认识，在工作中形成正确的道德观念，逐步确立自己对客观事物的主观态度和行为准则。要求解说员在工作中追求高尚的行为，并且形成职业习惯，自觉地将其运用到本职工作中。自然解说员的职业道德中，还包括对自然环境的保护职责。

(2) 知识与能力的培训

知识培训是对受训人员按照岗位需要进行的专业和相关知识的教育。知识培训是培训的基础，而能力培训是培训的核心和重点。自然解说员在工作中需要有针对性的专业知识与技能，按照速成性、需要性、阶段性的原则对他们进行培训。

(3) 生态道德与责任感的培训

自然解说员是生态参与者与自然环境和人文环境之间的桥梁，所以除了要遵循职业道德之外，还要遵循生态道德、有生态责任感，因此应将生态道德与责任感纳入培训内容中。

## 四、志愿服务者

自然教育解说是深度体验大自然的根本，需要大量讲解人员，目前专业自然解说员的数量远远无法满足井喷式发展的自然教育需求，而且全职配备解说员需要较大的资金投入。招募志愿者团队可以大大减少薪资费用，且志愿者团队解说风格多样，可服务不同年龄层的公众群体。大量志愿者到国有林场等自然教育场所提供志愿服务，他们为保护自然与环境无私奉献的精神将感染受教育的公众，本身也是一种自然教育。

国有林场可招募当地社区居民、大学生等群体加入志愿者团队，进行培训，发放志愿者标识。

(一) 志愿者类型

自愿、无偿奉献时间、精力、智慧等为他人提供公益性服务的公众称为志愿者。志愿者对他人、集体或者社会发起的服务就叫志愿服务。

从发起机构的角度，英国学者米歇尔·卢克将志愿服务分为三类：一是由政府和其他公共机构(如学校、医院等)发起的正式服务；二是由非政府部门组织的正式志愿服务；三是非正式的志愿服务。目前从事自然教育行业的志愿服务绝大部分属于第二种，是由非政府部门组织，因机构需要而面向学校、社区、社会招募的，在自然观察、自然解说等方面有一定知识基础且有兴趣服务于这一行业的人员。

(二) 志愿者招募

为推动国有林场自然教育的发展，开展人文、自然资源解说服务，提升整体自然教育服务质量，并发扬服务别人、成长自我、实现个人价值的志愿者精神，国有林场应积极实施志愿服务者招募活动。

国有林场招募志愿者有多种可行的方式：通过微信公众号、微博等新媒体平台面向社会招募志愿者；和自然工作室、观鸟会等民间自然观察类型的民间团体、协会、组织进行合作宣传推广；和当地有相关专业的学校、校园团体进行合作。此外，之前参加过自然教育活动学习的人员也是志愿者的重要来源之一。

(三)志愿者培训

对志愿者进行专业化培训，包括教授自然教育理念、自然教育活动方法等。对国有林场招募的志愿者进行培训，可分为以下两个阶段：

第一阶段：认识国有林场，包括位置、环境、组织、营运；国有林场自然教育实务解说示范；自然教育课程与活动相关专业知识学习。

第二阶段：强化生态环保理念与意识；野外课程内容讲解；野外急救措施培训。

两个阶段的培训学习结束后，对志愿者进行笔试和实际解说演练考核，合格的志愿者才可以上岗。

(四)志愿者管理

国有林场管理人员应与志愿者进行充分的沟通，了解志愿者的愿景和自身专长，根据志愿者擅长的领域进行人员分配。例如：擅长摄影的志愿者可以成为自然教育活动摄影记录者；擅长沟通引导的志愿者可作为自然教育课程助教，协助解说员老师开展课程。

志愿者福利是志愿者体系的重要部分。国有林场应根据志愿者活动开展情况，设计志愿者福利考核机制。例如：为志愿者提供餐饮和交通补贴以及相关的安全保障；给满足服务时长的志愿者颁发"志愿服务证书"；根据志愿者服务情况奖励相关的培训课程等相关福利。

## 第四节　场所设施设计和课程研发

课程研发是自然教育的核心，需要设计课程体系、确定课程形式与课程内容。场所设施是实现教育功能的重要载体，要对室内与室外场所进行全面设计。室内设施有访客中心、自然体验馆和安全避险屋；室外设施有自然教育径、自然教育园、自然解说设施、环境质量显示设施、警示设施与配套设施。

### 一、场所设施设计

自然教育基地的设置既可以独立规划建设，也可以依托现有绿地资源规划改造。

(一)场所设施设计的理论依据

自然教育场所设施是实现教育功能的重要载体,除了需满足一般绿地设施的基本要求之外,其规划建设还要突出可持续原则、风险平权理念和活动零件理论。可持续原则即自然教育的场地设施应使用环境友好材料,尝试与屋顶绿化、雨水花园、生态建筑等生态技术结合起来进行规划设计。风险平权理念是指对于弱势群体,能够自主决定进行适当"冒险"的权利,对于个体自信、自尊的建立必不可少,因此,自然教育场地设施在保障基本的安全要求外,应设计丰富多变的地形、具有探索性和未知性的设施,如草坡、地洞、水渠等,为游客提供一些适当"探索冒险"的机会,避免形成过度保护。活动零件理论则要求自然教育场地设施应是开放式的、可组合的、非结构性的,并且能够满足多种活动需求,让人们可以通过不同方式使用,也可发挥想象与创造力将它与其他活动零件相结合,如池塘、灌木丛、沙池、草丛等。

(二)室内场所设施设计

在国有林场内,可以开展自然教育的室内设施有访客中心、自然体验馆和安全避险屋。访客中心是国有林场的门户,代表国有林场的形象,对自然教育的开展和自然教育意识的培养起着重要的作用;自然体验馆为国有林场开展自然教育提供了主要室内设施,是参与者进行互动体验和自然教育的主要室内物所;安全避险屋为参与者在野外提供安全避险场所。

1. 访客中心

《旅游区(点)质量等级的划分与评定》(GB/T 17775—2003)中将访(游)客中心定义为"旅游区(点)设立的为访(游)客提供信息、咨询、游程安排、讲解、教育、休息等旅游设施和服务功能的专门场所"。

(1)访客中心的功能

访客中心为国有林场的门户形象,功能一般可分为科普展示、引导集散、配套服务、管理办公4个部分。其中科普展示与配套服务为访客中心的主要功能。访客中心展示区需要提供具有国有林场特色、自然与人文景观内涵的展示设施,一般包括展品展示、投影仪放映、展板展示、展廊、文字、图片实物、解说宣传等。

(2)访客中心选址分析

访客中心的规划设计应根据国有林场的性质、结构布局、规模大小、交通便利、游客容量和周围环境协调进行综合部署。选址要符合相关规划的要求,尽量选在游客相对集中或交通便捷的地点，如国有林场入口处、内部交通换乘处以及重要景观体验节点处。根据国有林场的规模大小和游客容量设计，应满足位置合理、规模适度、设施齐全、功能完善等要求，同时要对选址进行生态环境分析，做到因地制宜。在建设的过程中要充分顺应和利用原有的地形和环境，尽量减少对原有自然生态环境的不利影响。

访客中心根据国有林场的规模以及具体情况可以集中布置或散点布置。集中式布局一般布置在国有林场的主入口处，方便集中对进入国有林场的参与者进行管理和服务，以一个建筑综合体来整体体现访客中心的各项功能，建筑综合体围绕门厅和展厅进行规划设计来体现不同功能。集中式布局一般占地面积比较大，功能较完善，适用于地势较平坦、用地条件比较宽松的国有林场。散点式布局为多个建筑物分散布置来分别体现访客中心的各项功能，较为灵活，占比面积要求较低，适用于用地紧张的山地型或景观丰富的国有林场。

(3) 访客中心规模

访客中心规模应与国有林场环境容量和游客容量相适应，可通过计算得出适宜的访客中心规模。因此，浙江省各国有林场应结合林场当前的面积规模、环境和游客容量，并适当考虑未来发展预留空间，充分利用林场场部、护林点等原有管护用房，进行访客中心规模的确定。

2. 自然体验馆

自然体验馆是指依靠国有林场自然资源环境，通过体验、实验、实践、展示、陈列等形式开展自然教育活动的室内功能空间，以培养参与者的自然意识，树立正确的自然价值观。

目前国内关于自然教育理论的学习大部分都是通过科普教育中心、展览馆、自然博物馆等来体现的，自然博物馆是以分类、生态和历史的观点了解自然和人类环境，展示其进化过程的科学与技术类博物馆，展览馆是指展出临时陈列品的公共建筑，自然体验馆则侧重于对自然环境知识及相关价值的体验学习。

(1) 自然体验馆功能

自然体验馆是通过文字、图片、文献、影像、互动、体验等多种参与方式来进行自然体验和自然教育的室内功能空间。自然体验馆主要功能包括自然体验、自然教育和科普展示，其中最主要的是通过体验感受来实现自然教育活动的功能，充分发挥其公众教育功能，提高其社会服务功能。

(2) 自然体验馆选址

自然体验馆的选址应综合考虑国有林场环境和交通等因素，应选取游憩展示区内自然环境较好、周围交通便利、地势相对平坦的区域，大型或超大型的自然体验馆在选址过程中要注重周围交通的便捷性，最好选取国有林场入口处或者重要交通换乘处、景观体验节点处，以方便参与者体验与学习活动。中型和小型的自然体验馆可以设置多个，在选址过程中更加注重周围环境，侧重于寓情于景，选取环境较好或者重要景观节点处，以主题形式开展自然体验活动。

（3）自然体验馆规模

自然体验馆的规模应与国有林场自然环境相协调，根据国有林场不同的环境容量和游客容量，设置规模不同的自然体验馆。参考博物馆和展览馆等建筑设计规模，结合国有林场试点案例经验，对自然体验馆的建筑面积、功能、配套设施等进行设计。

3. 安全避险屋

安全避险屋是设立在国有林场内，以安全避险为主要功能的建筑物或构筑物。其选址应考虑避险目标，内部需配备简易医疗设施和应急食物等救急设施。

（1）安全避险屋功能

设置安全避险屋的目的是保护参与者的人身安全，所以其主要功能是保护受教者的安全。避险屋内设置有科普牌和相关应急设施，对自然探险和急救知识等进行科普展示，同时具有教育功能。

（2）安全避险屋选址

安全避险屋主要分布在国有林场户外环境下。生态保育区的安全避险屋一般设置在野生动物出没区域、科学考察路线、科学探险径等区域，以防止自然教育人员遭遇意外。游憩展示区安全避险屋避险目标主要是降雨等突变天气，一般设置在自然教育径、自然探险径等线状游览路线上。为野生动物设置的临时避险场所叫生物安全屋，例如供候鸟栖息的鸟类安全屋，设置在野生生物分布区域。由于安全避险屋的功能主要是保护和防御危险，间隔应以 500 米为宜，适合遭遇突发天气或危险的公众快速进入其中躲避。

（3）安全避险屋规模

安全避险屋的规模一般较小，以小型单层建筑为主，建筑风格和材质应与国有林场整体环境相统一、与周围自然环境相融合，一般采用木质或石质等材料，具体建筑尺寸应根据与周围环境的融合程度而确定。

(三) 室外场所设施设计

为国有林场自然教育提供服务与保障的室外场所设施主要有自然教育径、自然教育园、自然解说设施、环境质量显示设施、警示设施与自然教育配套设施。

1. 自然教育径

自然教育径是指在国有林场自然环境中设立的专门道路，沿途用各种形式的科普宣传牌介绍自然资源、动植物等科学知识，集游乐、健身、教育于一体的自然小道。自然教育径是进行公民素质教育、环境教育的活教材，是一种线性自然资源环境的体验教育场所，主要特点是呈线性布局。

(1) 自然教育径的功能

国有林场内自然教育径采取的教育方式，是将自然地理、生物学、生态学等知识、原理以及规律与教育过程紧密结合，通过在线性的自然资源环境中的各景观体验节点开展多种形式的自然教育活动，来普及国有林场自然生态知识，培养自然意识，加强自然价值和自然伦理道德的培养。自然教育径的主要功能有两种：

①教育功能

通过在教育径周围设置相关的科普宣传牌，组织多种教育形式来增加教育径的科普性和趣味性，通过科普宣传牌的解说系统教育，使参与者了解更多的自然科学知识，体会自然的价值和意义。

②游憩功能

在国有林场内景观条件较好的区域，可以利用植物学和生态学千奇百怪的现象，开发出以休闲健身、寓学于乐为主题的自然教育径，为人们提供可以接近自然环境的机会和场地，让人们处于大自然环境下进行休闲、游憩和学习。

(2) 自然教育径的选线

自然教育径是一个巨大的户外课堂，使参与者在自然体验的过程中获得自然知识。在国有林场内，自然教育径可以设置在游憩展示区的线性开放空间。自然教育径在选线过程中要尽量减少人为建设活动对自然资源的破坏，线性步道的选择应尽量与国有林场自然环境相协调；在线路形状选择上有线形、环形、多环形、组团式环形、卫星式环形、车轮式环形、复合形等；教育内容和自然资源要相契合，注重寓情于景；要注重自然教育径的体验性和互动性，提高自然教育的效果。

(3) 自然教育径的规模

自然教育径的规模体现在长度与宽度上。由于国有林场线性资源和地形条件的不同，不同规模的自然教育径所体现的教育功能和适宜开展的教育主题与形式均不同。一般以长度500~10000米、宽度1.5米左右为宜，形式应与周围环境相融合。

(4) 自然教育径附属配套设施

自然教育径附属配套设施设计即自然教育径标识系统构架：自然教育径整体logo形象系统、生态文化科普宣传标识系统。一般包括宣传栏、科普牌、指示牌、标识牌、休息座等设施，设计上要因地制宜、体现人性化，尺寸应与周围自然环境相协调，同时要采用图解和符号等多种形式以生动有趣地传递信息。附属配套设施选址应慎重考虑，防止过度标识带来的污染和干扰。

指示牌一般设置在自然教育径入口处和道路交叉口处，起到引导和解释说明的作用，指示内容为自然教育重点内容、方向及其距离等。指示牌材质的选择应体现自然教育径的主题教育功能，颜色和材质上都应该与周围野外环境相协调，尽量选取木质或者石质材料。指示牌形式应灵活，文字指示应包括汉语、英语等语种，语言应简单易懂、不产生歧义，向参与者传递最核心最根本的内容。

科普牌是对自然教育径两旁一定范围内的珍稀野生植物、古树名木和需要挂牌解释说明的植物进行挂牌标示，以方便人们学习自然教育内容。科普牌上应注明植物的种名、拉丁名、科属、树龄、用途等，材质应采用耐腐蚀材料。同时，科普牌上可加入二维码，参与者可以通过扫码来获得相关植物知识的详细文字和语音简介。科普牌的设计需要注重对自然科学知识的灵活运用，文字简介应注重趣味性。例如，以自然界生物的口吻进行动植物相关知识的介绍，或者采取互动问答式对参与者进行知识的介绍，科普牌上的文字和图片应采用妙趣横生的语言来进行解说展示。

2. 自然教育园

自然教育园是以自然教育为主体功能，以自然资源为素材，以森林、湿地、动物、植物、昆虫等为主题的具有一定规模的块状园区。自然教育园主要呈现形式有植物园、树木园、体验园（森林教育体验中心）、系统园、各种专类园等。国有林场内的植物园一般以保护为主要目的，包括树木园和草木园。植物园内植物主要以自然生长的植被和野生植被为主，对地域性植物系统的研究和记录有着重要的意义，对公众科普教育也起到了重要的作用。专类园则是根据不同分类系统来建设的综合性植物园。体验园是以森林教育体验中心为建设主体的户外森林教育园地。教育园内部利用观赏展示、自然活动、互动体验等形式，配备附属构筑物和建筑小品开展展示和体验。

（1）自然教育园功能

自然教育园是依托于国有林场自然资源而规划建设的教育园地，主要的功能有自然观察、自然体验、休闲游憩等。

①自然观察和自然体验功能

自然教育园规划的目的是建设一个供人们开展科普教育活动的场所，其最主要的功能就是使参与者通过自然观察和自然体验来开展科普教育活动。依托国有林场内自然资源环境建立自然教育园，使参与者在观察和体验中学习自然知识、培养自然意识。

②户外休闲游憩功能

自然教育园是依托自然资源建立的，自然资源优势明显，自然环境优美，适宜人们开展生态旅游活动。特别是在城市化发展迅速的今天，人们需要更多的自然空间来休闲放松，自然教育园为人们提供了休闲游憩的场所，使人们更多地接触大自然，沉浸于自然环境中。

（2）自然教育园选址

自然教育园应选择在国有林场内自然资源丰富、环境优良的块状区域内，同时应注重交通的便捷性。在建设的过程中，要考虑自然教育园内部附属建筑物和构筑物对国有林场自然环境的影响。自然教育园也可选址在国有林场游憩展示区内需要生态修复的区域，通过自然教育园的建设和森林植被的修复来改善国有林场部分区域的生态环境。

（3）自然教育园规模

自然教育园规模大小受国有林场规模和自然资源丰富程度的影响，其规模应与周围自然环境相协调，应根据国有林场自然资源情况和环境容量不同，设置不同规模的自然教育园。

（4）自然教育园配套设施

自然教育园是户外自然教育的场所，园内应配备各种教育设施服务于自然教育，自然教育园可根据不同主题设置自然课堂、露天教室、森林体验中心、植物园、动物园等设施。

①自然课堂

自然课堂是自然教育园自然教育活动开展的主要场所，主要有露天教室、露天手工制作台等设施。自然课堂一般布置在自然教育园内森林等自然景观丰富的区域，配备简易露天桌椅或手工艺台，材质、颜色与造型等均应与自然教育园主题相协调。

②森林体验中心

以森林体验为主题而建设的自然教育园，是在森林环境下开展体验和教育活动的场地。活动组织形式有森林资源观察、森林主题游戏等。应配备户外体验和游憩设施，例如森林活动中心、小型森林教育馆、户外儿童游乐设施、游憩设施等。

③植物主题教育园

以植物为主题开展自然教育活动的自然教育园，根据植物品种的不同分为各种植物功能区，功能区内部配备道路和科普牌，以及相关体验和学习场地。例如植物的观察、植物拼图游戏、花卉观察和标本的制作、花卉香包制作、不同植物的识别、不同树种的识别与学习等活动。根据不同的活动形式分别配备相对应的设施。

④动物主题教育园

动物主题教育园是以国有林场内的动物资源为载体，以动物知识为主题教育内容而建设的教育园地。教育活动开展形式如动物大讲堂、模拟动物角色游戏、昆虫观察、昆虫解剖、萤火虫观察等,同时配备互动体验型设施和动物解说牌等科普教育设施。

3. 自然解说设施

(1) 自然解说功能

自然解说在国有林场开展自然教育活动中起到基础性的作用,是最普遍的教育方式,主要有教育功能、信息传递功能、娱乐功能、服务功能和管理功能。

教育功能是自然解说中最重要的功能,自然解说系统的建设为国有林场发挥自然教育功能提供了强有力的支撑。在国有林场内通过各种媒介向参与者提供针对性的解说服务,加深参与者对国有林场自然资源及其价值的理解,提高参与者的科学认知水平。

信息传递功能是自然解说中最基本的功能,是指在国有林场内通过各种媒介向参与者提供国有林场相关自然资源的信息,使参与者了解国有林场地域性自然资源的相关信息。

娱乐功能是指以生动有趣的解说形式和内容进行解说,并通过多样化的呈现形式把国有林场的自然环境和资源传递给参与者,激发参与者的学习兴趣,提高其体验愉悦性。

保护功能是指通过自然解说,使参与者正确认知国有林场内各种自然资源环境,并理解其价值所在,引导参与者自觉爱护国有林场自然资源,保护场内自然环境,潜移默化改变自己的行为方式和习惯,达到保护自然资源的作用。

管理服务功能是指通过自然解说将国有林场管理理念传达给参与者,使参与者和管理者有一个沟通的桥梁,让参与者理解国有林场相关决策,知晓各类安全提示,对国有林场产生保护的情怀,从而使得自身的自然体验行为更加环保理智。

(2) 自然解说类型

自然解说分为向导式解说和自导式解说两种类型。向导式解说以具有能动性的导游人员向旅游者进行主动、动态的信息传导为主要表达方式,以人员解说为主。自导式解说指的是由书面材料、标准公共信息图形符号、语音等无生命设施、设备向游客提供静态的、被动的信息服务方式,自导式解说一般分为人员解说、标牌解说、语音解说、视频解说等形式。

①人员解说

人员解说是国有林场传统自然解说中最基本的形式,是向导式解说的主要形式。国有林场自然资源丰富,具有复杂多样的自然科学知识,专业人员解说的优势更加明显,通过对参与者自然意识的引导和培养,有助于提高自然教育的效果。

②标牌解说

标牌解说是国有林场自导式解说中最主要、最普遍的形式,通过标牌标识解说使参与者快速了解国有林场自然资源的相关信息,是便捷式的一种解说形式。

③语音解说

语音解说主要通过压缩和解码等新技术将国有林场的各类信息通过语音传递给参与者,使参与者可以通过语音导览设施了解国有林场的相关信息。

④视频解说

视频解说主要采用压缩和解码等新技术,通过影音传递国有林场信息,使参与者可以通过观看视频来了解国有林场的相关信息,影像与语音结合使得解说更加鲜活,使参与者印象深刻,解说效果好。

(3)自然解说内容

自然解说主要是通过解说的方式来传播各类自然知识,促进参与者提高自然意识,树立正确的自然价值观。国有林场自然解说的内容主要有国有林场自然变迁历程、地质条件、自然资源环境、野生动植物知识、野外自然生存技能、自然意识与自然价值培养等。

自然解说牌的解说内容设计一般包括标题、正文和图片。解说标题是阐述和概括自然解说的主题,是有效吸引参与者注意力的主要部分,所以主题的设计要注重语言的简练性,借助多学科的知识,用简练的语言使得标题切合主题,同时运用科学和通俗的景点词吸引参与者的眼球。解说正文是解说标牌的主体部分,要注重切合标题,减少过于专业的学术用语,可以利用通俗易懂、生动形象的语言增加解说的趣味性。解说图片是对解说正文的解读,通过图文并茂的形式帮助参与者理解解说内容,并进一步提高解说效果。

(4)典型解说设施设计

自然解说设施是国有林场信息的载体,也是解说员开展自然资源内容解说的辅助工具,因此是影响国有林场解说质量和效果的重要因素。依据《旅游景区(点)质量等级的划分与评定》(GB/T 17775—2003)中对自然解说设施的相关规定,进行规范规划和设计。解说标牌要与国有林场自然环境相协调,在标牌的取材上应注重减少污染,风格与国有林场自然环境相融合。选址上应考虑与林场周围环境的相互影响,减少标识牌对植物生长和动物活动的影响。

4. 环境质量显示设施

环境质量显示设施是测定环境质量优劣程度的设备。主要包括大气、水、土壤质量,空气细菌含量等环境质量监测和分析显示。

(1)环境质量显示设施的功能

国有林场环境质量显示设施主要有监测、教育与保护功能。根据环境质量标准，对国有林场环境质量进行监测、分析与显示，使参与者得到相关自然环保技能知识和环境价值作用的学习，意识到环境质量的重要性，养成自然环境保护意识，达到自然教育的目的。

（2）环境质量显示设施的类型

自然环境包括空气、水、光、声等因素，需要采用不同的设施，参照不同监测方法与标准进行分析显示。

（3）环境质量显示设施选址

①空气质量显示设施

空气质量显示设施是检测空气质量的相关设施。国有林场空气质量显示设施一般有$PM_{2.5}$检测仪、$PM_{10}$检测仪。对国有林场空气质量进行检测和显示，使参与者实时了解国有林场空气质量情况，了解空气质量对人们的重要性，培育自然观念，树立自然保护意识。

应选取国有林场入口处、阔叶林、针叶林、瀑布水体、山顶、建筑物旁、道路旁等典型区域进行$PM_{2.5}$、$PM_{10}$的实时监测和显示。显示设施的设计应与国有林场整体环境相协调，材质的选择也要注重环保。通常空气、光、声、温度、负氧离子质量会结合在一台设备上同时监测与显示。

②负氧离子含量显示设施

选取国有林场入口处、阔叶林、针叶林、瀑布水体、山顶、建筑物等典型区域进行负氧离子含量实时监测和显示。设施的设计应与国有林场整体环境相协调，特别是在针叶林、阔叶林等森林深处的环境显示设施，应控制其体积，减少对森林整体环境的视觉冲击。

③水质质量显示设施

水质质量显示设施是对国有林场内水体进行检测的设施。根据我国水质等级分类标准、《地表水环境质量标准》（GB 3838—2002）等规范，采用水质测量仪和水质分析仪对水体进行检测分析。在国有林场游憩展示区典型水体周边，设置一些水体质量显示或简易水体净化仪等设施，使参与者熟悉简易水质净化仪器、了解水质净化过程。通过模拟水体净化过程，让参与者学到水体自然净化原理，了解水体重要性，培养保护自然水体的意识。

④光环境质量显示设施

光照是国有林场内自然资源存活的基本条件，光环境质量的好坏对国有林场的自然性有重要影响。国有林场内光环境质量是通过光照强度和森林郁闭度来体现的。在国有林场内充分利用光环境质量的设施一般有太阳能发电、节能路灯等设施，以及光照强度对植物的影响、光合作用实验的显示等。国有林场道路的路灯可以采用太阳能发电的形式，利用光合作用模拟流程制作光合作用模拟显示台，向参与者展示光质量的作用。

⑤声环境质量显示设施

国有林场声质量的影响主要包括自然声音、人为声音和噪声等，国有林场中鸟叫和虫鸣的声音是属于自然的声音，国有林场内噪声来自人为活动的声音和各种交通声。根据《声环境质量标准》(GB 3096—2008)，声质量的功能区为日间噪声限值55分贝。

5. 警示设施

警示设施是以警示牌为主要呈现形式，起到警告的作用。是通过警示牌告知参与者在国有林场内的注意事项和禁止的各种不良行为，提醒参与者注意不安全因素，防止意外事故的发生。警示牌多为红色，在林场内以游览须知的形式设立多处，整体以劝导式、安全式、文明提示为主。

(1) 警示设施的功能

警示设施的主要功能是警示、保护和教育功能，辅助功能有服务功能和管理功能。警示功能是警示设施最主要的功能，国有林场内自然资源丰富，野生动植物种类多，部分动植物资源是国家保护资源，核心保护区和生态保育区都是参与者不可随意进入的区域，通过警示设施，可规范参与者的行为。保护功能是在国有林场范围内保护生物安全和人身安全，防止参与者在国有林场内出现安全事故，保护参与者的人身安全，同时防止参与者对国有林场内珍稀动植物资源的破坏。教育功能是通过警示设施来培养参与者的自然意识，培养自然价值观。警示设施的服务和管理功能是指通过警示设施来服务于国有林场管理，达到管理和服务的作用。

(2) 警示设施类型

国有林场警示设施类型主要有两种：生物安全警示和人身安全警示。

①生物安全警示

生物安全警示是警示参与者保护国有林场动植物，减少参与者对自然环境的破坏。此种类型的设施包括警示牌、安全屋、野生动物出没区、核心保护区、生态保育区等。

警示牌是以国有林场资源保护为主要目的而设立的。例如，"请勿践踏小草""草木有情""古树名木""野生动物出入区、请勿入内"等。核心保护区和生态保育区是国有林场设立的专门保护重点资源，不允许访客进入。

②人身安全警示

人身安全警示是告诫参与者注重自身安全的相关设施。此种类型包括安全牌、警示牌、火情检测站。

警示牌是以国有林场人身安全为主要目的而设立的牌示。应设置在自然资源脆弱敏感区域和容易出安全事故的区域，警示牌上文字应中英文对照，以达到劝告和督促参与者的目的。例如，"注意""小心""危险""森林防火""急转弯""停止""浅水横渡"等。

（3）警示设施典型设计

警示设施在国有林场内以游览须知的形式设立多处，整体以劝导式、安全式、文明提示为主。国有林场警示牌警示标志多为红色，以白底红框为主，部分警示牌为黄底黑框。警示牌形状多为三角形或圆形，三角形边长或圆形直径约30厘米。

6. 自然教育配套设施

为保障自然教育顺利进行，提高参与者的自然体验效果，在国有林场内部配备的设施称为自然教育配套设施。

（1）配套服务设施的功能

相关配套服务设施主要是为国有林场自然教育提供保障，主要可分为安全（如人行道护栏、避雨亭、消防设施等）、健康（如，休息座椅、歇脚亭、医疗点等）、卫生（如垃圾箱等）、方便（如服务站、卫生间、小型购物点、饮水处、吸烟点等）等方面的功能。

（2）配套服务设施选址

国有林场配套服务设施的选址受国有林场的性质、特点和服务规范的影响，应从国有林场内植物、水电设备、访客规模、环境容量等方面，对配套设施进行规划和建设。

①服务站

服务站的服务范围应在1千米左右，站内应配备相应的急救医疗箱、小型购物设施等。

②卫生间

根据《公园设计规范》（GB 51192—2016）中卫生间的服务半径不宜超过250米，即两个卫生间的间距不超过500米。因此，国有林场内卫生间应以500米为标准间隔进行规划建设，分布在自然教育径等道路两侧。卫生间外观应与国有林场其他设施形成统一风格，材质和色彩体现国有林场的自然性，减少对国有林场内自然环境的负面影响，卫生间内部设计应符合相关标准规范。

③垃圾箱

国有林场垃圾箱的设置应与参与者活动区域相适应，设置在访客集中场地的边缘、道路两旁、休憩座椅附近。具体间隔距离适宜在100～200米。垃圾箱的材质和色彩都应与国有林场环境相适应，色彩上应减少突兀。外观上宜选取木质或仿木质，融入国有林场自然环境。同时应注重垃圾分类处理设计。

④休息座椅

休息座椅一般布置在国有林场建筑物的外围荫凉空间、休憩广场、道路两侧等。休息座椅的间距应在 500~1000 米，具体尺寸应满足人体工程学要求，座椅高度和宽度处于 30~45 厘米，椅背应满足人类背部倾斜角度，约 17 度较适宜，长度应分为两人位和多人位，为 1~5 米。

⑤饮水点

国有林场的小型饮水点一般设置在自然教育径和探险径等道路旁，在设计中可以将其隐藏于低矮灌木中，但必须标注出位置，在高度上应分别考虑成年人及儿童身高，可以另外附加台阶等设施，方便不同类型参与者使用。大型饮水点在设计中应更多关注饮水设施对环境的影响，一般大型饮水点设置在访客人流量较大区域的边缘，可以选择小型构筑物的形式来体现，饮水点构筑物材质和色彩选取应与自然相协调，减少突兀性。

⑥医疗点

应在国有林场内设置医疗点，提供医疗救治服务，同时在导游图等宣传资料醒目位置显示专用医疗急救电话号码。

⑦消防设施

国有林场消防设施主要是消火栓。消火栓根据相关规定一般设置在建筑物内附属设施和国有林场外部区域。消火栓具体尺寸和颜色应符合消防规范要求。

## 二、课程研发

自然教育课程体系是一系列经过专业团队规划设计的教育课程集合，经过精心安排的户外教育活动可以帮助学生更好地理解生活环境，并获得与之相关的积极态度和价值观。课程体系是自然教育基地存在的最基本条件，也是在功能上与一般园林绿地相区分的重要依据。课程体系在自然教育中是非常重要的一环，课程方案的设计是实现教育功能的核心。自然教育的课程体系包括课程周期、课程形式、课程内容、教师团队等基本要素。

自然教育应从自然解说、手工创作、拓展游戏、五感体验、场地实践五方面划分自然教育活动类型，在对自然资源的编排课程体系过程中要注重编排的知识专业性、互动趣味性和可操作性。

(一) 课程体系

自然教育课程体系是一系列经过专业团队规划设计的教育课程集合，精心安排的户外教育活动可以帮助学生更好地理解生活环境，并获得与之相关的积极态度和价值观。自然教育课程体系的架构需要在课程周期、课程内容和教师团队方面都具备专业性的特点。

国内外优秀的自然教育基地主要以月为周期,在基地开放时间内的每个月都设置配套的课程活动,整个年度的课程能够形成完整体系,并逐年评估调整不断完善。课程周期的设置对民众能够形成持续的吸引力并提供多次参与的机会。自然教育的课程内容并非仅是户外游乐,而是经过专业团队策划、具有深层教育含义的活动内容。一方面,自然教育课程的授课方式应具有启发性,强调课程互动而非单向灌输,并为参与者提供体验科学探究过程的机会;另一方面,课程内容具有科学性,课程涉及的生物、地理、历史、人文、物理、化学等学科内容必须准确,并能做到科学信息的及时更新。

由于自然教育的主要目标是发展个体对于环境的积极态度和行为并提升环境意识,因此具有较强环境意识和环境敏感度的专业教师团队在课程实施中起着十分重要的作用。为加强教师培训以及不同教育团队之间的交流,自然教育中心应设置"专业研习"课程,通过座谈、工作坊及体验等方式为机关团体和学校教师提供多元主题的自然教育培训课程,促进自然教育方面教学经验的交流和专业素养的提升。

(二)课程形式

多样的课程形式有不同的目标导向,以满足不同人群对自然教育活动的需求。常见的课程形式中,团队合作、节事活动、健身运动和步道体验以放松身心、舒缓压力为目标,教育过程的互动性远大于知识性,有着明显自然体验的导向;而专题讲座、户外教学、观测实验等课程活动在自然知识学习和环境意识培养方面的意图更为明确,通常以在校学生或学校教师为目标人群,辅助学校课程进行专业知识学习,知识传达导向更为突出。

1. 自然解说

自然解说最早源于美国,美国国家解说协会对解说的定义是:一种以使命为基础的交流过程,它建立受众的兴趣与资源内在意义之间的感情和智力联系。解说是进行自然教育最普遍的一种形式,其教育手段主要是运用某种媒体或表达方式,对环境进行的概况和介绍,包括自导式解说和向导式解说。自导式环境解说以解说标志牌、宣传册和智能解说设施为主,向导式解说以专业人员讲解为主。自然解说可以在向公众传播自然知识的同时,激发公众的兴趣和求知欲望。例如,通过人员解说和非人员解说介绍国有林场的自然资源、人文历史等信息,给国有林场的植物挂解说牌等。

解说讲解的形式有多种,常见的可以通过解说牌进行讲解,这是一种输入性的教学方法,和在学校课堂接受的输入性的方法类似,但身处的环境不同,感受到的与自然之间的距离是不一样的。

2. 手工创作

手工创作可以提高儿童的动手能力和艺术创作能力，采用自然原料制作出有价值的物品，能让他们充分感受大自然的美丽，也是儿童与大自然愉快相处的美好见证。

手工创作的活动一般是帮助儿童在自然中寻找可以进行创作的素材，利用其他材料经过一系列的手动加工制成书签、明信片、纪念物等小工艺品，也可以使用自然中的一些天然材料，在教师的引导和帮助下制作日常生活用品，如肥皂、清洁剂和环保酵素等，让儿童切实地感受到自然的价值并了解环保产品。例如，选用来自大自然中的落花和落叶，利用手工纸、押花膜、胶水、剪刀、白纸等工具制作押花画，制作好的押花画可放入相框中，或者写上祝福语做成卡片或书签。自然手工创作不仅可以锻炼儿童的动手能力、激发他们的想象力，同时能感受大自然的美好。

手工创作不同于学校教学中做的手工，或科学严谨的创作，而是在自然环境中获得的自然物，如树叶、果壳等形式进行创作或绘画等。其内容可能包含对事实与空间的描述、参与者当时的心情，及对该事件或观察的体悟、省思等。现代可记录创作的工具多样且即时，一只智能型手机就可以完成影像、文字及声音等记录，但快速便利的工具，有时会降低我们观察的细腻度与敏锐度。例如，我们在户外擅长运用相机记录所见，透过相机的各类镜头、计算机影像放大的辅助，可以更清楚地观察事物细节，但也常发现忽略了对周边环境的观察，甚至有时在透过计算机阅览影像时，才发现原来当初拍摄附近就有其他值得观察的主题，但却因为专注在影像的记录上，所以相对地减低了对周边环境的敏感度。用自然物创作虽然相对耗费时间，但透过实际记录与动手能够帮助我们延长观察的时间，并加强对周围环境的敏锐度，可以对细节有更深的观察与描绘。因而手工创作与踏查笔记对参与者来说是一种必备的活动形式。

3. 拓展游戏

拓展游戏主要是以探险活动为主题而进行的教育活动形式，受众群体为对户外探险感兴趣的孩子，教育内容为野外求生指南，侧重于自然生存技巧的教育，形式主要是探险主题和生存演练等。例如，步道探索——体验自然教育基地的主题步道并进行低体能要求的游戏；定向越野——利用地图、指南针等工具在自然环境中进行运动探险活动；露营探险——特指夜宿型的野外露营体验活动。

通过游戏教学能增进学习效能，并且游戏教学也常常会被运用在室内或户外课程当中，可能为破冰游戏，也可能是单元主题活动。因为游戏式的教学一方面可以提升学习兴趣，另一方面也可以增加团队互动的学习与解决问题的能力。游戏是可以作为训练思考的一种媒介，在这个过程中可以设计观察、体验或探索，自由思考来解决问题，通过游戏来培养其专注力、注意力、思考力、解决问题的能力。引导学习者多元的探索与思考，通过发现问题、刺激思考、学习技能、提出解决策略产生行动。参与者对于这种教学方式是非常期待的。

4. 五感体验

视觉、听觉、触觉、嗅觉、味觉构成了人类认识体验的基础层次，在景观设计中通过空间营造和造景要素的设计落影斑驳的视觉刺激体验，流水潺潺能够实现场所的多重感官刺激。例如，森林中万籁俱寂的听觉刺激、鸟语花香、瓜果香甜的味觉和嗅觉刺激，或坚硬柔软或温暖湿热的触觉刺激体验等。

五感体验主要是以体验大自然为主体的自然教育活动，亲身体验自然教育活动，从而得到自然价值的教育，注重真实情景教学。特别是一些充满趣味性的活动，例如，参与动物互动——提供游客接触动物并与之互动的机会；观测实验——通过实验的方法观测调查自然现象、动植物生长和环境质量变化等。

五感观察形式属于必备属性。自然观察与体验是一类容易上手的教学方法，它可以在各种类型的场域：海边、山上、树林中、草地上、公园、操场、花圃等地方开展，也无须依赖特殊设计的教具或是完整的时间。这类教学方法的目的不仅仅是让学习者学到什么，更重要的是透过感官的接受、细致的观察、心灵的触动，来感受大自然。五感体验主要是运用自己的感官体验自然的各种事物，一般人平常依靠视觉接收约80%的信息，因此在五感体验中除了视觉外，还要学会调动其他感官如听觉、触觉、嗅觉等，以加强游客对自然的体验。同时，由于五感观察可以引导学习者发现自然环境中各种细微事物，增加其对环境的敏感度与在自然中活动的经验，因此也可以提升学习者的环境觉知，对于参与者来说是一种必须具备的形式。

（1）视觉体验

视觉信息获取量达80%以上，最容易让参与者产生思考和共鸣。植物的色彩具有层次感和景观的时序性，可以通过植物高低层次、季相特点与色彩的设计，呈现富有节奏感和韵律感的植物景观来提高视觉体验效果。

（2）听觉体验

为唤起参与者对场地产生共同的记忆感受，声音无疑是最好的表达方式之一。森林内的声音主要包括风声、雨声、水流声、动物声等自然声和人员嘈杂声、车辆噪声、艺术创作加工的声音及背景音乐等人工声。

可以通过增加风声、雨声、水流声，建立公园的广播系统、吹拉弹唱场地、森林音乐剧场等设计方式实现；同时还可以收集、保存整理自然之声，作为自然教育森林课堂的教学材料，更加生动地展现多样的森林。

（3）触觉体验

触觉体验能够拉近人与自然之间的关系，增强人与空间、环境之间的可触碰、可感知性。触觉体验的设计要充分调动人体皮肤各部位的触觉感官，通过对水体、铺装、植物材料的不同材质触摸，丰富人的触觉感知体验。

在森林中通过感受植物与石材的肌理来增加手的触觉；同时可增加针对正常人五感缺失的体验活动，遮住双眼或进入黑暗的环境，触发触觉、听觉的感知，增加参与者对于残疾人的理解和关怀。

（4）嗅觉体验

嗅觉是带给体验者最长时间记忆印象的感官系统。在国有林场中可通过种植芳香植物或果树等植物，刺激神经、减缓压力，使人神清气爽，达到感知体验的融合。

（5）味觉体验

环境氛围能够影响人的味觉体验，"可食森林"也成为一种新型的劳作体验与味觉结合的方式，通过种植各种可食性的乔木，形成森林，可结合自然教育的课程形成一块实验林地，发挥其教育意义。

5. 场地实践

场地实践主要是在教师带领下通过一系列课程体系来进行教育活动，通过让学生参加为期数天的户外学习，参与各类实践活动，在大自然环境中进行接受教育。

开展创意制作实践活动来加深对知识的理解，让学生在自己设计的操作或研究中获取自然教育知识和培养自然理念。如园艺实践——在专业人员的指导下进行园艺设计与操作。

(三) 课程内容

1. 自然解说篇

（1）森林研学径解说

课程对象：中学生。

课程目标：在解说人员的讲解下加深对森林的了解。

课程内容：在森林解说员的带领下，沿着森林研学径边走边讲解关于森林的知识，如森林资源的利用、森林资源对于人类的重要贡献、森林的保护、森林演替与森林管理、森林自然灾害、森林火灾消防、护林员的日常、山地水土保持等。

（2）植物识别与解说

课程对象：中小学生。

课程目标：进行自然植物科普，从认识植物开始，吸引孩子对自然的兴趣。

课程内容：对建有解说牌的植物进行种类识别，并用手机扫描解说牌上的二维码，深入了解植物栽培与果树嫁接技术，并深刻感悟芳香植物、边坡绿化植物、水生植物、可食森林植物、屋顶绿化植物等发挥的重要作用等。

（3）鸟儿的秘密

课程对象：中小学生。

课程目标：通过对鸟类的认识，建立学生与动物之间更深刻的联系。

课程内容：通过参观小鸟科普馆，并在科普解说牌的帮助下了解鸟类形态与习性、鸟类的一生、鸟类与人类的关系；注重互动性，通过可操作APP让学生在玩中学，探究鸟类的秘密。

（4）自然故事

课程对象：3~6岁幼儿。

课程目标：通过一个个生动的故事，让学前儿童能够爱上自然，以自然为师。

课程内容：解说员利用解说牌上的内容，从儿童的角度出发，将植物生长、动物物候等自然现象以讲故事的形式生动形象地呈现出来。如细小——砖缝里的一抹绿、沧桑——倒伏的一棵树、温暖——黑水鸡的一家4口，将生命的故事讲得生动、感人，让儿童有身临其境的感觉。

（5）文化体验

课程对象：中小学生。

课程目标：在历史文化的熏陶下，学生能更加深刻感受到林场魅力，深入自然，了解自然。

课程内容：通过讲述林场的历史变迁与故事，增强学生尊重自然、保护自然的意识。例如，护林员与国有林场的故事、国有林场的历史发展、国有林场建设大事记等，忆古追今，将渺小的人放到历史长河中思考，重建"人与人""人与自然""人与自我""人与时空"的关系。

（6）寻宝

课程对象：小学生。

活动目标：带着目标主动观察自然，建立与自然的联系。

活动流程：根据提示找到相对应的自然物品并画下来，可以将找寻的东西带回来展示，比如，一段小树枝、一片树叶、种子，遵循只捡拾不采摘的原则，或者对找到相对应的解说牌进行拓印。可以提示如下内容：藤本植物，可以在树上爬20多米，一年四季常青，并且叶子的形状很特别，喜欢生活在温暖潮湿的地方，可以生活到450岁，所以叫常春藤。

2. 五感体验篇

（1）植物定点观察——记录植物的四季之美

课程目标：通过观察植物跟随四季的变化，以及与周围生命和非生命事物之间的关系，了解植物与周围环境相互依存的关系，理解本土植物对维护当地生态平衡的重要作用。启发参与者对生命和生态系统完整性的好奇心和探索欲，培养参与者守护自然的行动。同时参与者间可以建立平等互爱的关系，就像生态系统中的各个元素，彼此相互关联、依存。

活动流程：选择一个自己想要观察的自然植物，四季之中选择一个合适的时间来进行观察。

活动地点：茶园、桃园、樱花园等有季象变化的观察场所。

（2）找错课程

课程目标：较好地调动受教育者的积极性，提升参与者的自然感知能力。

活动流程：在选择的场域周围摆放数量充足、不属于摆放场地的物品。例如，仿真动物玩具、贝壳和不属于该场地的果实。参与者沿路寻找，记住找到物品位置，不要告诉其他人且不要触碰这些物品。最后，自然教育施教者和参与者一起找寻不属于这个场地的物品，并展开讨论。

活动地点：在植物繁茂的场地进行该活动效果更好，如阴生植物园、竹类观赏园和桃园。

（3）情感的自然

课程目标：用心感受自然，感悟自然的情感，建立与自然的连接。

活动流程：请参与者根据提示选择反映词汇的自然物，如反映伤心的、开心的、漂亮的等词语情感的自然物。原则是只捡拾不采摘。最后和大家分享选择这个自然物的原因。

活动地点：选择面积较大、自然物种类较多的场地。

（4）不同角度的自然

课程目标：提高参与者们洞察和发现新视角的能力，发现森林的不同魅力。

活动流程：在场地中，引导参与者用新的视角观察森林及周围环境。可以自由选择不同的姿势或动作，比如，偏着头看、俯身看、脸朝下看、躺在地上，用树叶盖在身上，脸朝上看，透过指缝看，等等。在这个活动，想象没有极限。最后总结分享观察感受。

活动地点：较大的场地，最好有草地。

（5）邂逅树木

课程目标：通过触摸感受、认识、学习不一样的树木，建立与树木的联系。

活动流程：每一种树的树皮都不一样，首先讲解不同树木树皮的不同纹理和触感，让参与者仔细触摸树木。在参与者充分认识树皮后，蒙上他们的眼睛去识别树皮；或者将参与者的眼睛蒙住，通过曲折路线去寻找一棵有特征的树，让其通过摸索、闻气味来识别这棵树，等他确认之后，将参与者通过曲折路线带回。摘下眼罩前在原地转几圈，然后参与者通过记忆去寻找树木。

活动地点：选择树种较多的场地。

3. **手工创作**

(1) "鲜花节"课程

模块一：认识植物外在形态。

以小组为单位，带领学生参观国有林场的植物园，寻找杜鹃花、梨花等，仔细观察，通过看、闻、摸、尝、画等手段，把握植物的外在特点，欣赏它的外在之美，能进行简单区分。小组交流，将自己观察过程中的体验和感受说给小组的同学听。教师进行总结，肯定学生的观察体验，使学生把握鲜花的基本特点。

模块二：引导创作，表达对鲜花的认知之美。

欣赏名家水墨画作，引导学生创作自己心目中的花形象。欣赏有花的诗作，引导学生创作以花为题材的小诗，表达自己对花的认知。诗配画，形成自创作品，展示创作成果。

(2) "绿叶节"课程

智慧区分——观察树叶的外形，与同类事物能进行简单区分。让学生仔细观察，看植物的树叶有什么特点，与其他树叶进行区分；仔细观察树叶的特点，摸一摸、闻一闻，看有什么感觉。

现实比拼——实地观察加上网搜集资料。以小组为单位，进行绿叶知识大爆炸式的分享，并比一比谁的分享更能打动人。举行《我是小小推销员——介绍绿叶》活动。

静心品悟——学习儿童诗歌。学习诗歌，了解绿叶的诗意美，制作绿叶创意手工图画。

奇思妙想——用绿叶进行手工拼图，比比谁的更有趣。

4. **拓展游戏篇**

(1) 快乐的竹竿课程

国有林场有着丰富的毛竹资源，而竹竿是孩子身边常见又熟悉的物件，利用最简单的竹竿，将其运用到拓展游戏中，在发展孩子弹跳能力的同时，结合孩子的年龄特点，满足孩子在与同伴交往、合作方面积极的愿望，鼓励孩子相互合作，共同解决遇到的困难，共同体验得到的快乐。

将国有林场竹林里废弃的竹子进行回收，用作孩子们竹竿游戏的道具。孩子可以在不断探索中发现竹竿的更多玩法。

孩子们结伴去竹林寻找废弃竹子。

将回收的竹子进行加工,使其变为可用于玩耍的竹竿。

孩子自由玩竹竿,初次探索竹竿的多种玩法。看看谁既能用竹竿一起做更多的游戏,又会保护自己。

孩子合作玩竹竿,进一步探索竹竿的不同玩法。教师有意识地鼓励孩子讲给别人听,促进同伴间互相分享与学习能力的发展。

活动场地:竹林附近的空旷平坦场地。

(2)喜鹊和啄木鸟课程

课程目标:深化大家对自然界的知识理解,增加对自然知识的兴趣。

活动过程:将参与者分为数量相等的两个队伍,分别为"喜鹊"队和"啄木鸟"队。每个队伍有自己的鸟巢,两个鸟巢相距6米,在场地中间有一条中心线。两个队伍站在中心线两侧。教师说出一个句子,这个句子可能是正确的,也可能是错误的。如果句子是正确的,"啄木鸟"队的队员马上跑回自己的大本营,"喜鹊"队员去捉"啄木鸟"队员;如果是错误的,"喜鹊"队的队员马上跑回大本营,"啄木鸟"队员去捉"喜鹊"队员。若是到达了自己队伍的鸟巢,他就安全了。被捉到的参与者自动成为另一个队伍的成员。

问题举例:例如啄木鸟、喜鹊是否是益虫。

活动地点:需要开阔可进行奔跑的场地。

(3)蝙蝠与夜蛾

课程目标:了解蝙蝠的狩猎技巧,并理解动物仿生技术。

课程流程:参与者围成一个直径约为5m的圆圈。然后蒙住蝙蝠扮演者的眼睛。再选出3~5个参与者来扮演夜蛾,并佩戴好铃铛站在圆圈中。蝙蝠通过铃铛的声音辨别夜蛾位置并努力捉住圈中的夜蛾。夜蛾全部被捉住后游戏结束。

活动地点:较为空旷且安静的场地。

5. 场地实践篇

乐山行是一项关注生态环境的公益活动,号召公众沿着山脉进行徒步考察,感受山川之美,记录山川之痛。通过真实地感知自然环境从而将对自然的保护意识转化为对自然环境保护的行动中。

①生态修复为队员讲解相关经典案例,了解生态系统强大的修复功能,以及山川生态对植物生物栖息地营造的重要性,让队员感受"人山相亲,和谐自然"的理念。

②环保科普开展绿叶植物与绿叶光合大课堂,带领队员认识绿叶植物,理解绿叶植物概念,了解常见的绿叶植物种类,如山茶、杜鹃、含笑等,并研究绿叶

植物的功能。

③环境监测首先选择监测点位进行,为队员讲解各项环境指标,如湿度、温度、负氧离子浓度等监测指数,最后通过让队员亲自监测、记录、对比各项环境指标,使大家更深刻地认识到环境保护的重要性。

# 第六章　适配模式

## 第一节　自然学校+劳动体验

人类不能离开自然，无论是成年人、儿童还是老人，亲身感受自然都会让人身心更加健康。要了解自然就要到真正的大自然中，用全身心去感受。并且这不应该是人类随意的行为，还要充分考虑大自然的规律，自然学校就是为了帮助人们真正感受自然而创立的。

自然学校是连接人与人、人与自然、人与社会的组织和场所，公众通过自然学校在自然里学习、向自然学习，并学习保护自然。体验自然不仅可以作为一个了解环境问题的渠道，同时还是一个了解和思考社会诸多问题的窗口，让人们更好地关注社会，关注自己生活的世界，从根本上理解和反思自然保护和实践绿色生活价值。

劳动是青少年成长成才、创造幸福人生的重要途径，直接决定着国家和民族的未来。当前，在学校中进行的劳动教育十分有限，且学校对劳动教育存在表层解读，缺乏对劳动教育的设计。"自然学校+劳动体验"的自然教育模式可以发挥自然教育与劳动教育的双重功能。

### 一、"自然学校+劳动体验"模式优势

劳动教育是中国特色社会主义教育制度的重要内容，直接决定社会主义建设者和接班人的劳动精神面貌、劳动价值取向和劳动技能水平。

国有林场拥有丰富的自然资源，设立自然学校，能够为劳动教育提供更广阔的场所，解决校园劳动场地有限的问题。当自然学校与劳动体验相结合，劳动教育就能以更加丰富的形式开展。国有林场与学校进行长期合作，定期组织学生前往国有林场开展自然教育与劳动体验活动，可以有效提高学生的身体素质，遏制学生不珍惜劳动成果、不想劳动、不会劳动的现象。学校教师也能参与到活动中且起到管理学生的作用，减轻林场工作人员不足的压力。

### 二、"自然学校+劳动体验"模式发展前景

劳动教育是新时代党对教育的新要求，是中国特色社会主义教育制度的重要

内容，是全面发展教育体系的重要组成部分，是大中小学必须开展的教育活动。

劳动教育具有鲜明的思想性，必须将马克思主义劳动观贯彻始终，强调劳动是一切财富、价值的源泉，劳动者是国家的主人，一切劳动和劳动者都应该得到鼓励和尊重；倡导通过诚实劳动创造美好生活、实现人生梦想，反对一切不劳而获、崇尚暴富、贪图享乐的错误思想；具有突出的社会性，必须加强学校教育与社会生活、生产实践的直接联系，发挥劳动在个人与社会之间的纽带作用，引导学生认识社会，增强社会责任感，同时注重让学生学会分工合作，体会社会主义社会平等、和谐的新型劳动关系；具有显著的实践性，必须面向真实的生活世界和职业世界，引导学生以动手实践为主要方式，在认识世界的基础上，获得有积极意义的价值体验，学会建设世界、塑造自己，实现树德、增智、强体、育美的目的。

2020年3月20日，中共中央、国务院印发了《关于全面加强新时代大中小学劳动教育的意见》。"谁知盘中餐，粒粒皆辛苦"，此诗句对于学生而言已经了然于胸，可是大部分学生都没有深刻的体会，随意浪费粮食的现象也较常见。要让青少年真正懂得珍惜粮食、节约资源，就要让其参与劳动实践，体验劳动的艰辛与不易，明白粮食的"来之不易"。比如，国有林场可以传授学生树木的种植、枝条的修剪、嫁接等相关知识与技术，开展"每人种下一棵树"活动，在自然教育与劳动教育的同时，加强学生的责任与担当。

### 三、"自然学校+劳动体验"自然教育模式典型案例

杭州市余杭长乐林场拥有丰富的植物资源，并开辟了植物园、蔬菜园、茶园，不仅教育学生了解自然、贴近自然、敬畏自然、爱护自然，同时为学生提供在园地里接受劳动教育的机会。长乐林场还与非遗传承人合作，在基地中建立了黑陶、印染、细木加工、中草药香包体验馆等场所，让学生通过亲手制作体验，提高了动手能力，丰富了体验经历，感受了艺术熏陶、传承了传统文化、感悟了工匠精神。

## 第二节 自然世界+亲子活动

自然世界充满了美妙和神奇，大自然提供了最美与种类最多的色彩来源，是人工色素无法比拟的。没有噪声的树林中，婉转的鸟鸣声带来的听觉享受不亚于音乐厅的体验。天然材料的质地对于儿童发展触觉大有帮助。自然也会提供富有创意的灵感，自然世界将成为儿童最大的课堂，自然中的花草树木、虫鱼鸟兽都可以成为儿童的好玩伴，儿童在探索自然世界的过程中会收获各种各样的美好，而这种天然的美好是网络世界所不能给予的。国有林场的自然教育开辟了一片属

于儿童的自然世界。

在亲子活动中,家长的引导起着至关重要的作用,要引导和培养儿童解决问题的方式,而不是家长亲力亲为。做好亲子活动的关键,首先,家长需要改变和儿童沟通交流的方式。在引导儿童时,家长可以"变成"儿童,和儿童一起探索自然,儿童更容易接受。其次,家长需要保持足够的热情,这是儿童保持兴趣的重要保证。无论是做游戏还是安静地观察,如果家长不能起到良好的带头作用,将会降低儿童的兴趣。最后,解放儿童的思想,让他们大胆地体验自然世界带来的乐趣。家长要在保证儿童安全的情况下,给予儿童足够的自由,让他们在放松的状态下享受自然。

## 一、"自然世界+亲子活动"模式优势

对儿童来说,自然世界是他们学习、体验、观察、探索的最好场所,在这里,他们的知识得以丰富,体验得以增长,观察力与专注力得以发展。自然世界的美好不仅可以刺激儿童的大脑细胞、提高其大脑兴奋度、吸引儿童的注意力,更可以让儿童的情感得以抒发、情绪得以释放。可以说,自然世界是儿童学习知识、体验美与生命力得天独厚的课堂。在这个课堂中,儿童不仅可以感受到大自然的美好,更可以增长见识,锻炼自己的意志力。如果整天把儿童关在屋子里,让他待在狭小的空间里,容易使其在枯燥无味的生活中变得郁郁寡欢,不仅会影响儿童的专注力,还抑制了其各种能力的发展,影响其身心健康。因此,家长应把儿童从闭塞的空间里解放出来,创造条件让儿童去感知自然,体会自然的美丽和乐趣,让儿童在自然的怀抱中健康成长,提高感受力与专注力。

亲子活动不仅有益于亲子之间的感情交流,密切亲子关系,促进儿童的健康发展。儿童在亲子活动中获得的对待事物的态度、方式、方法以及人际交往的态度、方法会迁移到亲子活动中的伙伴和实物中。而儿童在亲子活动中获得的经验又会进一步丰富亲子活动的内容,拉近家长与儿童的距离,使他们更加了解彼此,家长在亲子活动中获得正确的育儿观念和育儿方法,进而融入与儿童相处的每一刻,逐步了解培养、教育儿童的重要性,从而实现儿童的健康和谐发展。

通过国有林场的自然教育,让儿童与父母在自然世界里开展自然活动,解决当前儿童学习压力大、父母焦虑造成的亲子关系紧张问题。

## 二、"自然世界+亲子活动"模式发展前景

在欧美国家,亲子活动园发展已经非常成熟,但是在我国,除了一些经济文化比较发达的大城市,一般地方很少有这样的亲子活动园,因此发展空间较大、前景广阔。

此外，近年来随着经济社会的发展和人们生活水平的提高，亲子活动的热度不断高涨，越来越多的家长希望通过亲子活动来增加与儿童的亲密度。而亲子活动如果与自然世界相结合，就会与传统幼儿园内的亲子活动有较大差异，在内容、形式和效果上均会有较大突破。可以将突破点作为宣传的主要内容，进一步提升"自然世界+亲子活动"模式自然教育的知名度，从而吸引更多参与者。

### 三、"自然世界+亲子活动"模式典型案例

#### （一）庆元县林场

庆元县林场建立的野外博物馆开展"自然世界+亲子活动"的效果较好。在自然教育径两侧安装了"倾其所有，虽死犹生""隐秘的歌者""松树的'眼泪'"等蕴含知识同时充满趣味的解说牌，父母与儿童经过时可以一起学习讨论，一起探寻隐藏在林间的宝藏。解说牌上的内容没有使用过多的专业用词，放置解说牌就是为了让原本复杂的知识简单易懂、枯燥的文字生动有趣，不管是父母还是儿童，都兴趣盎然，也方便父母以奇闻趣事、讲故事的方式跟儿童沟通，有利于亲子交流。

#### （二）梁希国家森林公园

梁希国家森林公园凭借较高的知名度吸引了众多周边游客，公园利用地理位置及环境优势，开发各类功能性地块并定期开展形式多样的自然教育活动，其中以亲子活动为主，包括"亲子植树节""亲子采茶日""我是蔬菜搬运工"等活动。通过家长带领儿童走进自然、亲近自然，家长与儿童在自然世界中的互动，不仅增进了亲子感情，也让儿童更加热爱自然。

## 第三节　教学基地+体验之旅

在国有林场内，结合当地文化及地域特色建立室内与室外教育设施，打造独具特色并具有一定规模的自然教育基地。体验之旅是让孩子以组团旅行的方式走出校园，在与平时学习生活环境截然不同的自然教学基地中开阔视野、收获知识、加深与自然的亲密度，增强学生对自然、户外集体生活的体验感。参与者通过在教学基地的切身体验，达到印象深刻的学习效果。

### 一、"教学基地+体验之旅"模式优势

自然教育已经成为青少年成长过程中的重要教育方式。调研结果表明，目前浙江省有33个（占全省国有林场总数的33.0%）国有林场开展了自然教育活动，

建立了教学基地,为浙江省自然教育的开展提供了大量高质量场所。

自然教育最重要的功能之一就是连接自然与人,教学基地为自然教育的顺利开展提供了稳定的组织与场地,体验教学则是一种广受欢迎的学习方式。在体验类型上,儿童相对喜欢五感体验类、手工创作类和林间实践类活动。在活动内容上,户外休闲和亲近自然更受儿童欢迎。可见儿童更偏向与自然进行亲密接触以及富有创意的体验活动。体验是儿童认识世界和探究世界本质最重要的方式,也是自然教育广受欢迎的有效方式。

### 二、"教学基地+体验之旅"模式发展前景

教育家大卫·索贝尔说:"在让儿童拯救自然之前,最重要的是让他们有机会与自然建立联系、学会热爱自然"。当儿童在自然中获得大量真实和愉快的体验时,热爱自然的兴趣才会油然而生,保护环境的责任感才会日益增加。具有接触和亲近自然经历的孩子,长大后会更加热爱自然,更加关注环境保护。越来越多的研究表明,自然环境在许多情况下都优于人工环境,在户外为儿童提供自然活动场所,鼓励儿童体验自然环境,对儿童的身心健康发展大有裨益。因此,"教学基地+体验之旅"的新模式,已逐渐成为自然教育的发展趋势,两者相辅相成,相得益彰。

国有林场可以充分发挥自身优势开展自然教育,将教学基地与体验之旅结合起来,将赋予自然教育更加丰富的内涵。自然教育也会因为体验之旅被更广泛接受与欢迎。

### 三、"教学基地+体验之旅"模式典型案例

淳安县林业总场的自然教育充分体现了"教学基地+体验之旅"的模式。如金山鱼湾生态放流基地,让孩子们亲身体验将鱼儿放回千岛湖的过程,通过和鱼儿亲密接触,体验"放鱼治水"的愉悦。姥山岛则是带领孩子真正走进自然,听蛙听露听森林,享受最原生态的森林体验,这种自然教育模式深受欢迎。

## 第四节 科普场馆+学习感知

科普教育是指利用各种传媒以浅显的、让公众易于理解、接受和参与的方式向普通大众介绍自然科学和社会科学知识、推广科学技术应用、倡导科学方法、传播科学思想、弘扬科学精神的活动。自然科普教育是将全新的自然体验结合起来的科普教育,以吸引更多的人喜欢自然、融入自然、与自然和谐相处。

在国有林场建立科普场馆,能为学生带来更加丰富有趣的自然教育课堂,学

生能学习感知一些平时不容易见到的野生动植物标本，也能近距离观察它们的形态特征。通过加入一些互动性的设施和模型，能够提高学生学习的积极性，让他们主动参与到自然教育活动中去。

## 一、"科普场馆+学习感知"模式优势

科普教育是面向社会开展的科学知识、科学精神和科学技术成果的普及性教育，加强科普教育十分有利于培养青少年学生的创新精神和实践能力，在素质教育中占有极为重要的地位。科普教育还能激发孩子们对自然科学、社会科学的兴趣和探究欲，培养探索精神；让孩子们在观察、发现、探索的过程中，充分运用各种感官，动手动脑，培养发现问题、解决问题的能力；增加孩子对周围事物和现象的感性经验，引导他们与大自然和谐相处，培养环保意识。孩子们在科普场馆中，可以较为全面快捷地学习感知科学技术。

## 二、"科普场馆+学习感知"模式发展前景

科普场馆综合竞争力的提高需要科研工作的进步，这也是场馆保持活力的保证，可以选择资源优势明显、科研团队成熟的国有林场，建立科普场馆。例如，林草科普基地是依托森林、草原、湿地、荒漠、野生动植物等林草资源开展自然体验和生态教育活动，展示林草科技成果和生态文明实践成就，进行科普作品创作的重要场所，是面向社会公众传播林草科学知识和生态文化、宣传林草生态治理成果和美丽中国建设成就的重要阵地，是特色科普基地的重要组成部分。

科普场馆的建设使国有林场的自然教育更加全面系统，通过采集保存标本、陈列科技成果、互动体验等方式开展科学研究和进行宣传教育，发展前景广阔。

## 三、"科普场馆+学习感知"模式典型案例

### （一）浙江自然博物院安吉馆

浙江自然博物院——安吉馆以"休闲体验"为主，以专题展为特色，拥有地质馆、贝林馆、海洋馆、生态馆、恐龙馆、自然艺术馆六个主题展览馆，还有4D影院、自然餐厅、贝林商店等设施，着力打造集科普教育、收藏研究、文化交流、休闲体验于一体的自然博物馆，打造互动参与体验式博物馆，馆内有105项参与体验的互动设施，可以给参与者带来沉浸式体验。孩子们参与互动体验可以获得高层次的学习感知。

### （二）乐清市雁荡山林场

雁荡山国家森林公园为世界地质公园，2016年该公园荣获国家环保科普基

地称号,该基地现已成为周边中小学校的环境教育基地,每年约有 3000 名师生来此开展科普文化活动,这里已成为中小学生走进自然、认识自然的大课堂。作为林业科普知识宣传的阵地,雁荡山国家森林公园在各景区主干道进行植物分类调查和树木挂牌,共制作标有树种名称、学名、科属、特征、用途等内容的标牌 400 多个,古树名木 60 余棵,形象明了地向公众普及植物学知识。

  如果说雁荡山国家森林公园是室外科普场馆的话,雁荡山博物馆就是室内科普场馆。该博物馆包括地质遗迹厅、火山展示厅、文化展示厅、生态展示厅、珍稀植物展示厅等,配合声、光与触摸式自动解说系统,从了解火山基本知识、雁荡山形成过程和世界地质公园等方面,对学生进行了科普教育。

# 参考文献

安玉姝. 中国自然教育商业模式研究[D]. 北京：对外经济贸易大学，2018.

池梦薇. 森林公园自然教育系统构建研究[D]. 福州：福建农林大学，2017.

崔建霞. 环境教育：由来、内容与目的[J]. 山东大学学报（哲学社会科学版），2007，4(4)：147-153.

杜家烨. 自媒体视域下的自然教育实践[D]. 杭州：浙江农林大学，2018.

葛明敏. 基于景观感知的森林自然教育基地构建途径研究[D]. 北京：北京林业大学，2020.

龚文婷. 国家森林公园自然教育基地规划设计研究[D]. 咸阳：西北农林科技大学，2017.

李海荣，赵芬，杨特，等. 自然教育的认知及发展路径探析[J]. 西南林业大学学报（社会科学），2019，3(5)：102-106.

李文明. 生态旅游环境教育效果评价实证研究[J]. 旅游学刊，2012，27(12)：80-87.

李新招. 深化改革推动国有林场转型发展[J]. 福建林业，2019，4(5)：12-14.

李鑫，虞依娜. 国内外自然教育实践研究[J]. 林业经济，2017，39(11)：12-18，23.

李园园，郭明，胡崇德. 太白山自然保护区自然教育路径设计探讨[J]. 陕西林业科技，2020，48(1)：83-86.

理查德·洛夫. 林间最后的小孩——拯救自然缺失症儿童[M]. 自然之友编译团队：郝冰，王西敏等环保志愿者，译. 长沙：湖南科学技术出版社，2013.

林树君，郑芷青，李文翎. 广东鼎湖山自然教育径设计探讨[J]. 地理教育，2011，4(2)：120-121.

刘海英，高月，蒋仲龙，等. 浙江省国有林场改革经验与启示[J]. 林业经济，2017，39(10)：54-59.

刘黎明. 论西方自然主义教育思想的形成、演变及历史贡献[J]. 河北师范大学学报（教育科学版），2004，4(5)：75-79.

刘玉姝. 自然教育行业的志愿者团队培育[D]. 厦门：厦门大学，2018.

柳丽影，周兴华. 森林生态旅游与森林保护[J]. 黑龙江科学，2020，11(16)：134-135.

马朝洪. 践行"两山"理论推进国有林场转型发展森林康养[J]. 绿色中国, 2019, 4(23): 68-71.

彭蕾, 尹豪. 自然教育课程体系及场地设施需求[J]. 中国城市林业, 2021, 19(2): 110-114.

裘黄丽. 百年林场的非遗魅力[J]. 浙江林业, 2021(1): 32-33.

孙睿霖. 森林公园环境教育体系规划设计研究[D]. 北京: 中国林业科学研究院, 2013.

万瑾, 陈勇. 发达国家森林教育的发展及其教育启示[J]. 外国中小学教育, 2013, 4(8): 35-38, 27.

汪欣, 黄诗琳, 胡葳, 等. 我国自然教育行业发展现状及标准化需求分析[J]. 质量探索, 2020(3): 18-21. 王可可. 国家公园自然教育设计研究[D]. 广州: 广州大学, 2019.

王清春, 刘正源. 2016自然教育行业调查报告[R]. 2016: 2-3.

魏智勇. 美国自然教育掠影: 以参访美国三个颇有特色的自然教育中心为例[J]. 环境教育, 2018(9): 66-68.

文首文, 吴章文. 生态教育对游憩冲击的影响[J]. 生态学报, 2009, 29(2): 768-775.

吴鸿, 周子贵, 张骏. 浙江省自然教育资源集萃[M]. 杭州: 浙江人民美术出版社, 2020.

吴家禾, 井仓洋二, 曹湘波, 等. 乡村自然体验型教育的实践与启示——以日本GREEN WOOD自然体验中心为例[J]. 绿色科技, 2020, 4(1): 248-250.

武秀霞. "劳动"离教育有多远?——关于劳动教育实践问题的反思[J]. 当代教育论坛, 2020, 4(3): 114-121.

夏晨晨, 姜年春, 乔卫阳. 浅析自然教育对国有林场转型的影响与对策[J]. 华东森林经理, 2020, 34(02): 52-55.

徐凤雏. 重建儿童与自然的联结[D]. 武汉: 华中师范大学, 2020.

徐高福, 余梅生, 孙邦建. 建设森林康养国有林场的思考——基于淳安县林业总场的实践[J]. 防护林科技, 2019(11): 78-80.

阳思思. 自然教育实践的分析研究[D]. 宁波: 宁波大学, 2018.

杨文静, 石玲. 儿童感知视角下的自然教育体验[J]. 中国城市林业, 2020, 18(6): 73-77.

杨霞. 森林体验教育在甘肃省的应用和推广[J]. 农业科技与信息, 2017(5): 94-95.

于玲玲. 自然保护区环境解说员培训研究[D]. 北京: 北京交通大学, 2010.

岳伟,徐凤雏.自然体验教育的价值意蕴与实践逻辑[J].广西师范大学学报(哲学社会科学版),2020,56(02):115-123.

张佳,李东辉.日本自然教育发展现状及对我国的启示[J].文化创新比较研究,2019,3(30):155-158.

张健华,马勇,余建辉.台湾森林游乐区的管理经验及对福建森林公园管理的启示[J].沈阳农业大学学报(社会科学版),2008,10(2):139-142.

张婷.游客对于自然教育的认知与需求研究[D].北京:北京林业大学,2020.

张文杰.基于自然教育的湖南黄家垅森林公园规划设计研究[D].长沙:中南林业科技大学,2019.

张秀丽,杜健,狄隽.北京八达岭国家森林公园自然教育实践与发展对策探索[J].国土绿化,2019,4(7):55-57.

赵迎春,刘萍,王如平,等.关于自然教育若干问题的对策研究[J].绿色科技,2019(24):310-311,314.

郑芸,徐小飞.自然教育的概念厘清及比较[J].教育现代化,2019,6(50):65-67.

DURMUS Y,YAPICIOGLU A.Kemaliye(Erzincan)ecology based nature education project in participants' Eyes[J].Procedia-Social and Behavioral Sciences,2015,197:1134-1139.

PERSKE R.The dignity of risk and the mentally retarded[J].Mental Retardation,1972,10(1):24-27.

UZUN F,KELES O.The effects of nature education project on the environmental awareness and behavior Procedia-Social and Behavioral Sciences,2012,46(Complete):2912-2916.